有蛋就好吃

116道百變蛋料理神筆記學做菜的第一本書

Claire 克萊兒的廚房日記———— 著

—116 Egg Recipes—

作者序

雞蛋無疑是眾多食材當中，最具 CP 值的代表之一，營養美味兼具且價格親民，採用不同料理方式可呈現多種風味的變化，常見各式菜色裡，雞蛋扮演主角或配角都始終能獲得食客愛戴。有趣的是，初次下廚學做菜的你我，總是從煎一顆荷包蛋開始。

我們一家人都愛吃雞蛋，配菜裡有蛋是餐桌上基本，份量再多也會分食完畢讓盤底朝天，即便用餐時間窘迫或是家裡沒什麼庫存食材，僅僅來上一顆熱騰騰的荷包蛋淋上醬油，誰都能扒光一碗白米飯並感到心滿意足，或把雞蛋丟入電鍋隨意蒸，剝去蛋殼那瞬間，眼神也發光，蛋是充飢良方！隨著孩子們長大隻身遠赴外地打拼，總會想嘗

嘗自家餐桌上的口味，用家鄉味一解相思愁，不複雜的備料加上容易操作的蛋料理，正適合我們在遠方的家人，這讓我興起了寫這本蛋料理書的念頭，而多元變化的蛋料理對於吃蛋需求大的家庭也很必要，你家是不是也愛吃蛋呢？

我將日常容易上手的各種蛋料理羅列在這本書中，與其說這是一本蛋料理創作，不如說是我幫大家蒐集整理的蛋料理筆記，隨時方便翻閱參考，這裡雞蛋就是主角，從煎一顆荷包蛋到一杯溫熱的蛋酒，快來看看雞蛋還能有哪些變化能滿足人心和肚皮，一起煮給心愛的人品嚐吧！

目錄

溏心蛋 vs 漬蛋

荷包蛋 vs 太陽蛋們

雞蛋知多少？

＊感謝「草上奔牧場」協助整理，讓我們一起來看看如何挑選品質無虞的雞蛋，喜歡半熟蛋與生食雞蛋的朋友，一定要參考這篇。

● 如何判斷雞蛋的新鮮度？

可以由視覺及嗅覺判斷。

視覺判斷

最新鮮的蛋應該有三層：
❶ 健康可拎起的「立體蛋黃」
❷ 果凍般豎立的「濃厚蛋白」
❸ 比例不高的「稀薄蛋白」

「濃厚蛋白」會隨著時間慢慢消失，原因是越新鮮的蛋，其二氧化碳的濃度越高！二氧化碳溶於水呈酸性，導致蛋的PH值會隨著時間由 7.2 ～ 7.5 漸增為 9.2 ～ 9.5。主要是由於蛋白中的二氧化碳流失的關係。PH 值的變化，會降低溶菌酶和其他蛋白質的結合力，造成原先濃厚蛋白的質地變得比較稀。此外，濃厚蛋白若呈現較混濁的樣子，也代表雞蛋很新鮮喔！
另一個視覺判斷依據是連接蛋白跟蛋黃的「繫帶」，它具有固定蛋黃在蛋中央的功能。繫帶會隨著時間慢慢變透明。因此明顯的繫帶可以證明這顆蛋是新鮮的！繫帶並不是雞蛋內的異物，也和蛋的受精與否無關。

嗅覺判斷

蛋腥味大家都很怕吧？蛋放置越久酸鹼值越高（PH7.2 ～ 9.2），產生的硫化氫越多，蛋腥味就越重。此外，雞群飼養環境的優劣及餵食飼糧品質的好壞，也一併影響了雞蛋的味道！

＊參考資料：Stadelmen WJ and Cotterill O.J (1995). Egg Science and Technology, Fourth Edition, Haworth Press, Inc., New York, USA

雞蛋的保存方式補充說明

台灣的氣候高溫潮濕，雞蛋保鮮的最佳方法就是放冰箱冷藏。雞蛋在蛋殼無裂損的情況下，在攝氏 7 度以下冷藏可以保存一個月沒有問題。所以購買雞蛋時也要注意外盒是否有標示生產日期喔。

雞蛋越新鮮，蛋殼越難剝

雞蛋在剛生產出來的1～3天（冬天比較長；夏天比較短），蛋白中的二氧化碳及水分含量較高。二氧化碳及水分含量較高的話，會造成煮熟的蛋殼比較難剝。原因是當雞蛋在煮熟的過程中，雞蛋內的二氧化碳受熱會往外擴散，造成蛋白與蛋殼膜緊密相黏。而在剝除蛋殼及蛋殼膜的過程中，蛋白就容易一起被剝掉。所以如果收到最新鮮的雞蛋，建議將雞蛋分批存放：水煮蛋用的可以先放室溫陰涼處2天再煮，部分的水分散失也會使蛋白的Q度提升！

＊參考資料：食力 https://www.foodnext.net/life/lifesafe/paper/5470111382

紅殼蛋／白殼蛋

所謂的紅殼蛋、白殼蛋，到底有什麼差別？坊間傳言紅殼蛋比白殼蛋有較高的營養價值，但多出來的價值在哪裡通常找不到答案。

解答：紅殼蛋與白殼蛋的差別在於蛋雞的「品種」噢！一般來說，白色羽毛的蛋雞會生出白殼蛋；紅棕色羽毛的蛋雞會生出紅殼蛋。雞蛋的營養價值與蛋殼的顏色無關，營養價值取決於飼糧配方及能夠增加雞蛋機能性之營養補充品，如葉黃素、硒元素等等。市面上的放牧蛋多是紅殼蛋，主要原因是為了跟籠飼白殼蛋做出區別。那為什麼籠飼雞蛋以白殼蛋居多呢？因為相同的飼樣方式之下，白羽蛋雞相較於紅羽蛋雞的體型較小，所以單位面積的飼養羽數較多。平均來說，白羽蛋雞的飼料換蛋率也比較高，適合大規模飼養方式。

＊參考資料：行政院農業委員會 https://www.coa.gov.tw/faq/faq_view.php?id=68

蛋殼上的斑點與顏色差異

蛋殼有斑點與色差，易受到環境溫度或遺傳表現影響，屬正常現象。明明是同一品種的蛋雞，蛋殼有不同顏色、有無斑點，這些差異是怎麼產生的呢？

農委會解釋：「蛋雞產蛋期間會受到環境溫度、營養等因素影響，造成蛋殼厚薄與外觀顏色差異，基本上尚不至於影響雞蛋品質。」蛋殼顏色通常是由基因決定的，只是環境、溫度及營養因素會造成一些顏色深淺不同。蛋殼表面斑點不會影響雞蛋內容物的品質，會影響雞蛋品質的因素是「蛋雞的健康狀況」、「飼料配方」與「雞蛋的新鮮度」喔！

＊參考資料：行政院農委會農業全球資訊網 https://www.coa.gov.tw/theme_data.php?theme=news&sub_theme=agri&id=5445&print=Y

● 造成蛋黃顏色差異的原因

「蛋黃的顏色」跟「蛋雞的食物」有高度的相關！蛋雞飼料配方內常見的「玉米」，就含有一定比例的類胡蘿蔔素。類胡蘿蔔素攝取量較高的蛋雞，其生出來的蛋黃顏色就會比較深（偏橘黃色）。另外，蛋農也可能額外添加其他的類胡蘿蔔素於蛋雞的飼糧中。補充類胡蘿蔔素不單純是為了蛋黃的呈色，對雞隻來說也有抗氧化及抗緊迫的功能。

＊參考資料：Sophie Réhault-Godbert, "The Golden Egg: Nutritional Value, Bioactivities, and Emerging Benefits for Human Health", Nutrients. 2019.

● 洗選蛋或非洗選蛋

歐盟規定禁止清洗雞蛋（禁洗選蛋），因為歐盟認為保留「蛋殼外的薄膜」是重要的。那層看不見的天然薄膜是角皮層（cuticle），主要成分為黏液蛋白（mucin）。有防止細菌侵入雞蛋內的作用，蛋久放或經過清洗則會脫落。台灣大廠多走美國洗選蛋作法，雞蛋經過洗選程序洗去蛋殼表面的髒污細菌。因為大規模的籠飼養雞場容易相互感染病菌，甚至曾經爆發沙門氏桿菌疫情。
因此美國政府規定3000羽以上的蛋雞場須實施洗選，雞蛋洗掉了病菌跟天然保護膜就必須保持冷藏，從洗選場到商店冷鏈不能間斷。所以說洗選跟非洗選，各有各的好處。許多放牧蛋是以人工篩選擦拭蛋殼表面，未經水洗所以可以常溫配送。瞭解其中之差別，就能找到最適合的雞蛋。不管你選擇哪一種，烹飪前都還是要清水沖洗比較安心喔！

＊參考資料：食力 https://www.foodnext.net/science/machining/paper/5111140319

● 蛋雞的「無抗飼養」

歐盟在2006年全面禁止飼料當中添加「抗生素」作為生長促進劑（生長促進劑非生長激素）。「抗生素生長促進劑」（Antibiotic growth promoters，AGPs）在1940年代發端，藥廠發現家禽家畜在吃了混摻抗生素的飼料後，竟能快速增重，還能減少罹病率。
近代工業化大規模養殖模式興起，密集飼養模式容易造成動物緊迫、免疫力下降、傳染性疾病也更容易傳播（想想現在造成恐慌的群聚感染）。因此，部分畜牧業會以「預防性投藥」抗生素改善動物可能會因密集飼養所發生的問題。長期在密集飼養環境中投以低劑量抗生素，會讓微生物養成抗藥性，甚至製造出「超級細菌」。這類細菌具有從動物傳播給人類的危險性。
所謂的「超級細菌」，就是擁有「多重性抗藥性」的細菌，通常定義上是對三種或三種以上的抗生素有抗藥性。目前全球畜牧產業皆以無抗飼養為目標前進，利用中草藥及益生菌取代抗生素的使用，雖導致飼養成本上升連帶影響畜產品的價格，但同時保障了消費者的食品安全與健康。

＊參考資料：上下游 https://www.newsmarket.com.tw/blog/124542/

雞蛋內的小血點

蛋黃或蛋白上可能會出現血絲或小血點,俗稱血斑蛋。其成因是母雞於排卵的過程中,因濾泡破裂或輸卵管摩擦出血,造成血液滲到蛋黃或蛋白所形成。根據統計,紅殼蛋出現血斑蛋的機率比白殼蛋高出10倍。

另外,在放牧飼養的方式下,母雞可以運動、奔跑,有可能增加輸卵管出血的機率。若血點直徑不超過0.5cm,煮熟之後食用並不會有食安問題,也不會影響蛋之營養成分。

*參考資料:行政院農委會農業全球資訊網 https://www.coa.gov.tw/faq/faq_view.php?id=219&print=Y。

撰文　**農婦艾比**

熱愛生物的蛋雞飼育員。東海大學畜產系、交通大學生物資訊研究所畢。
曾經在全球前10大的半導體公司內打雜過一陣子。
後來為了成為資訊人跨領域考取研究所,殊不知在畢業後又回到了畜牧產業。
希望為了動物福祉以及台灣蛋雞們做一點小小貢獻。

料理雞蛋的鍋具好幫手

不沾鍋

用不沾鍋煎蛋容易操作，高效率節省時間，不同尺寸的不沾鍋可同時煎1至數顆荷包蛋，通常我會使用18公分不沾煎蛋鍋來煎一顆荷包蛋，這個小鍋子做早餐時，用來專門煎蛋不做其他用途可維持其使用最佳狀態。

20公分的不沾鍋很適合煎1～2顆蛋汁，而24公分或28公分不沾鍋則適合同時煎三至四顆荷包蛋。

18公分煎蛋鍋

20公分不沾鍋

28公分不沾鍋

玉子燒鍋

長方形的玉子燒鍋，使蛋皮整齊成型也容易被捲起，雖然圓形的平底鍋也能操作，不過有一只好用的玉子燒鍋可以快速煎出美美的玉子燒，讓煮婦們在廚房輕鬆許多。

平底小鐵鍋

鐵鍋煎蛋，蛋液遇高溫煏出極佳蛋香，煎蛋邊緣口感酥脆是下飯蛋料理首選，而鐵鍋具有均勻導熱效果非常適合做烘蛋料理。

8 吋小鐵鍋

料理雞蛋好用的配件

以下這些物品，是我在料理雞蛋時常常使用的常備配件，用起來很順手提供參考。

打蛋碗

一只有導流嘴的打蛋杯或打蛋碗，會在料理雞蛋時更順手。

攪拌棒

使用合適的攪拌棒來均勻攪拌蛋汁或使用叉子會比用筷子攪打蛋汁更方便。

蛋黃分離器

我最常將手洗乾淨徒手把蛋黃瀝出來，或是打破蛋殼先倒出蛋白再取蛋黃，不過破裂的蛋殼總是很容易刺破蛋黃，萬無一失的方法就是用類似的小工具更有效率。

蛋黃分離器

蛋黃輕鬆分開

煎蛋模

利用蛋模來製作可愛形狀的煎蛋，增添用餐樂趣。

蒸蛋架

用蒸蛋架蒸蛋，能讓雞蛋在充滿蒸氣的鍋
裡穩穩站好。

切蛋器

水煮蛋用切蛋器來切，整齊美觀又快速。

捲簾

玉子燒捲得不美沒關係，起鍋趕緊用壽司
捲簾捲起來放涼，就能成功塑形。

漏勺

縫隙大小不同的漏勺可分別適用於滾水撈
雞蛋、炸蛋酥和過篩蛋液。

上圖：孔洞稍大的淺濾勺
　　　適合撈雞蛋和炸蛋酥。

下圖：空隙密實的濾勺
　　　用來過篩蛋液最合宜。

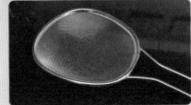

溏心蛋
VS
漬蛋

那軟軟蜜蜜的溏心蛋黃總在口中綿綿地化開，
再咀嚼醬香或酒香風味的 Q 彈蛋白，
一顆風味層次豐富的溏心蛋
就是如此能收服人心。

醬油溏心蛋

鹹甜鹹甜的醬油溏心蛋，這是溏心蛋的基本款，適合搭配各種菜色，八分熟的蛋黃風味很迷人喔。

美味小撇步

· 若使用保鮮盒或保鮮罐也可，建議容器要先用滾水殺菌確保衛生，醬汁可依比例增加份量。

· 雞蛋蛋殼若不夠堅硬，建議先常溫放20分鐘再照步驟操作。

材料
雞蛋——4 顆

調味料
醬油——2 大匙
味醂——2 大匙
三溫糖——1 小匙
清酒——1 大匙
柴魚片——隨喜好

作法

A———煮雞蛋兩種方法皆可

1 ［方法 1：電鍋蒸］將冷藏雞蛋從冰箱取出後隨即放入電鍋不鏽鋼蒸盤上，
　外鍋倒入一杯水蒸 9 分 30 秒。
　［方法 2：滾水煮］將冷藏雞蛋從冰箱取出，隨即用湯匙或漏勺溫柔地將雞
　蛋放入滾水中煮 7 分 30 秒，煮蛋過程中稍微翻動，讓蛋黃置中。

2 計時時間一到，立刻取出雞蛋泡入冷水或冰水，待雞蛋完全冷卻再剝殼。

B———煮醬汁與醃製

1 將調味料混合，用最小火煮滾 1 分鐘，瀝去柴魚片後放涼。

2 取一蛋盒，放入一個乾淨大小適中的耐熱塑膠袋，將 4 顆剝去殼的水煮蛋隔
　著乾淨的塑膠袋一一置於每一個蛋巢中。

3 將冷卻的醬汁倒入袋中，並把袋口綁緊後，連同蛋盒一起放入冰箱冷藏一日，
　建議三日內食用完畢。

紅酒溏心蛋

沒喝完的紅酒很令人傷腦筋，於是紅酒溏心蛋就這樣誕生了。味道很不錯呢，有股大人味。

材料
雞蛋——4 顆

調味料
紅酒——3 大匙
鰹魚醬油——2 大匙
三溫糖——1 小匙
黑胡椒——少許

作法

A——煮雞蛋兩種方法皆可
　　請參考 P.18 醬油溏心蛋。

B——煮醬汁與醃製
1　將調味料混合，用最小火煮滾隨即關火放涼。
　　其餘步驟請參考 P.18 醬油溏心蛋。

料理小撇步
・請參考醬油溏心蛋小撇步。
・紅酒品種不限，喝不完的拿來料理即可。

材料
雞蛋——4 顆

調味料
醬油——2 大匙
味醂——2 大匙
米酒——1 大匙
三溫糖——1/2 大匙
乾辣椒粉——2 小匙
辣油——1 小匙
花椒——1/4 匙
香油——少許

作法
A———煮雞蛋兩種方法皆可
　　請參考 P.18 醬油溏心蛋。

B———煮醬汁與醃製
1　將調味料混合，用最小火煮滾 1 分鐘，隨即關火放涼。
　　其餘步驟請參考 P.18 醬油溏心蛋。

料理小撇步
・請參考醬油溏心蛋小撇步。
・若喜歡吃辣，可酌量增加辣油與辣椒粉，風味更佳。

21

花雕溏心蛋

酒香濃濃的溏心蛋就屬這一味了。花雕的香氣成就了一顆讓人如癡如醉的溏心蛋。

材料
雞蛋——4 顆

調味料
花雕酒——3 大匙
味醂——2 大匙
海鹽——1/4 小匙
三溫糖——1 小匙
枸杞——10 粒
八角——1 粒

作法

A———煮雞蛋兩種方法皆可
請參考 P.18 醬油溏心蛋。

B———煮醬汁與醃製
1　將調味料混合，用最小火煮滾 1 分鐘後關火，將醬汁放涼後過篩。其餘步驟請參考 P.18 醬油溏心蛋。

料理小撇步
・請參考醬油溏心蛋小撇步。
・沒有花雕酒可以紹興酒取代。
・醬汁不過篩也可以，水煮蛋連同枸杞和八角一起浸泡，取溏心蛋時小心勿讓八角刮破蛋白。

喜歡生蛋拌飯的朋友，一定要試試這道料理，用最簡單的調味料就能享用頂級的好味道，自己來做衛生無虞放心享用。

材料
蛋黃——3 顆

調味料
薄鹽醬油——1 大匙
味醂——1/2 大匙
清酒——1/4 小匙
　　　或不加

作法
1　取一小尺寸乾淨衛生容器，將調味料拌勻後倒入容器中。
2　將雞蛋蛋黃輕輕取出，浸泡在醬汁裡，接著蓋好容器放入冰箱冷藏約莫 8 ～ 24 小時即可。

美味小撇步
· 請注意這道料理務必使用可生食的雞蛋，一般雞蛋生食恐帶有大量細菌的風險，影響健康。
· 用來醃漬的容器可以裝入 3 顆蛋黃和醬汁即可，容器太大就要增加調味料份量才能醃漬。
· 容器一定要衛生，建議先用電鍋蒸過放涼使用。
· 醃漬越久蛋黃越凝固，但基於衛生考量，建議不要醃漬超過一日。

荷包蛋
VS
太陽蛋們

你吃過幾種荷包蛋？
荷包蛋和太陽蛋也能有多種變化，
豐富我們的餐桌也豐富我們的味蕾。
你有好好吃飯嗎？不管多忙，
至少要吃顆蛋啊！

一顆荷包蛋

材料
雞蛋——1顆

調味料
橄欖油——1小匙
鹽——少許

作法

1　不沾鍋中小火，倒入油並打入雞蛋。
2　待蛋白變白，溫柔地將蛋白一邊鏟起對摺成一個荷包形狀，鍋鏟輕壓封口停一下。
3　封口黏住後，慢慢煎到喜歡的熟度後起鍋。
4　起鍋後加少許鹽可開動。
5　若要帶便當，將蛋對切放入便當盒好看又好吃。

料理小撇步

· 也可用熱油煎荷包蛋，表皮更酥脆，但雞蛋對摺的動作要迅速。

荷包蛋應該是你我學料理的第一道菜吧！煎顆荷包蛋再添碗熱騰騰白飯，淋點醬油就是令人難以忘懷的古早味。

肉鬆荷包蛋

材料
雞蛋——1顆
豬肉鬆——10 克

調味料
橄欖油——1小匙

作法

1　不沾鍋小火，倒入油並打入雞蛋。
2　將肉鬆鋪在蛋白上。
3　待蛋白變白，可翻面煎到喜歡熟度。
4　起鍋後不需加鹽可開動。

美味小撇步

· 肉鬆不需要料理，只要蛋白熟了就可起鍋。

不要看肉鬆荷包蛋長得不怎麼樣，可好吃了！

材料
雞蛋——1 顆
大洋蔥切圈——
　　　　1 個

調味料
橄欖油——1 小匙
鹽——少許

作法

1　選大顆洋蔥切圈,寬度大約 0.5 ～ 0.8 公分。
2　不沾鍋倒入油,放入洋蔥圈正反面煎一下。
3　將雞蛋打入洋蔥圈內,兩面煎到喜歡的熟度可起鍋。
4　起鍋後加點鹽可開動。

美味小撇步
·洋蔥稍微煎一下就好,煎太久洋蔥變軟較不好操作。

洋蔥荷包蛋

洋蔥圈跟甜椒圈一樣,都是天生好用的蛋模!煎起來狀態乾爽很適合帶便當喔!

材料
雞蛋——1 顆
火腿片——2 片

調味料
鹽——少許
白胡椒——少許

作法

1　取一碗放入一片火腿片。
2　火腿片上打入一顆雞蛋,用牙籤在蛋黃不同位置輕輕戳 3 ～ 4 次。
3　雞蛋上撒少許調味料後再放上一片火腿,用手指在火腿片周圍輕壓。
4　電鍋蒸 11 分鐘或微波火力 600W 微波 2 分鐘。取出對切即可。

美味小撇步
·比較建議使用電鍋來料理,微波過後的火腿比較乾硬。
·各家電廠牌微波爐規格有落差,火力和時間若有差異請自行調整。
·建議使用薄一點的火腿比較容易與蛋白結合。

火腿荷包蛋

這道菜是媽媽幫孩子帶便當的簡便料理,裝便當省時又方便!

27

蔥花荷包蛋

材料
雞蛋——1顆
蔥花——10克

調味料
橄欖油——1小匙
鹽——少許

作法
1 不沾鍋中小火，倒入油後打入雞蛋，並在蛋白處放上蔥花。
2 其餘步驟請參考 P.26 一顆荷包蛋。

美味小撇步
· 等蛋白都煎熟黏住蔥花再翻面，蔥花才不會掉下來。
· 翻面後可多煎一會兒，蔥香更濃。

這是煎蔥蛋的懶人作法，荷包蛋裡夾著滿滿的蔥花，愛吃蔥蛋的人試試囉！

櫻花蝦荷包蛋

材料
雞蛋——1顆
櫻花蝦——10克

調味料
橄欖油——1小匙

作法
1 不沾鍋小火，倒入油先將少許櫻花蝦煎一下。
2 櫻花蝦煎出濃濃香氣後，將櫻花蝦先撥到鍋裡一側。
3 打入雞蛋，將櫻花蝦放在雞蛋上。
4 待蛋白變白，可翻面煎到喜歡熟度。
5 起鍋後加少許鹽可開動。

美味小撇步
· 櫻花蝦沖洗過後一定要用乾紙巾擦乾再下鍋，香氣才不會降低。

櫻花蝦香氣十足，荷包蛋都有濃濃的海味了！

材料
雞蛋——1 顆
薑片——2 片

調味料
麻油——1 大匙或更多
米酒——3 大匙
鹽——少許

作法

1　薑片切細絲，不沾鍋小火倒入 1 大匙麻油，放入薑絲
　　煎一下。

2　將雞蛋打入鍋中兩面煎，倒入米酒煨煮一會兒散掉酒
　　氣。

3　最後加少許鹽，起鍋前隨意淋點麻油更香。

美味小撇步

·這道料理偶爾品嘗可驅寒，麻油多一點無妨。

·也可以加入少許枸杞點綴，但枸杞有加強屬性作用，加
　在麻油中會更燥，擔心上火就避免。

薑絲麻油蛋

有時候就很想吃麻油料理，冰箱空空只有蛋也可以，薑絲麻油蛋簡單又美味，搭著熱白飯或細麵線，濃濃古早味吃起來真是滿足味蕾，想起我阿嬤了。

材料
雞蛋——1顆

調味料
橄欖油——1小匙
鹽——少許

作法

1 將蛋黃和蛋白分開。
2 不沾鍋最小火，倒入油隨即倒入蛋白液。
3 待蛋白液變白，將蛋黃放在蛋白正中央，繼續煎到喜歡的熟度可起鍋。
4 起鍋後加少許鹽可開動。

美味小撇步

· 最小火冷油慢煎，雞蛋不容易起泡。
· 若喜歡吃酥脆蛋白，可將蛋白煎焦酥後再置入蛋黃。
· 蛋黃可用鍋鏟輕輕往中心靠著加熱一會兒再拿開，蛋黃位置就可固定。

太陽蛋

新鮮放養生產的雞蛋，得好好把握蛋黃生食的時機，太陽蛋圓滾滾又飽滿的蛋黃可拌飯或拿歐包來蘸著吃，濃郁滿足。

材料
雞蛋——1顆
青花菜——
　30g 或更多

調味料
橄欖油——1小匙
鹽——少許

作法

1 將蛋黃和蛋白分開，青花切細，蛋白加入青花菜攪打均勻。
2 不沾鍋中小火，倒入油隨即倒入青花蛋白，一面煎熟可翻面煎一下，再翻回來。
3 其餘步驟請參考 P.30 太陽蛋。

美味小撇步

· 青花用上端綠花煎起來會比較好看。
· 其餘請參考太陽蛋

青花太陽蛋

想吃青菜，懶得多洗一個盤子嗎？這樣也可以喔！

甜椒太陽蛋

甜椒是很好的蛋模，好看又好吃，簡單就可以出餐啦。

材料
雞蛋──1顆
甜椒切圈──1個

調味料
橄欖油──1小匙
清水──1大匙
鹽──少許

作法
1　將蛋黃和蛋白分開，選圓周大一點的甜椒切圈，寬度約 0.8～1公分。
2　不沾鍋中小火，鍋裡放入甜椒圈。
3　冷油倒入甜椒圈中並倒入蛋白。
4　待蛋白外圈變白，在甜椒週圍倒入清水蓋上鍋蓋燜一下。
5　蛋白熟透，將蛋黃放在蛋白中央，繼續煎到喜歡的熟度可起鍋。
6　起鍋後加少許鹽可開動。

美味小撇步
· 沒有甜椒圈也可改用洋蔥圈。
· 用水稍微燜一下，甜椒熟度剛剛好。

白膜太陽蛋

喜歡半熟蛋黃的煎蛋又不敢吃太生，白膜太陽蛋就是好的選擇，蛋黃外層的蛋白已經熟了，蛋黃也不容易弄破，一口送入口中也很完美。

材料
雞蛋──1顆

調味料
橄欖油──1小匙
鹽──少許
清水──1大匙

作法
1　不沾鍋最小火，倒入油隨即倒入雞蛋。
2　待雞蛋最外圈蛋白變白，在雞蛋周圍倒入清水轉中小火蓋上鍋蓋。
3　待蛋黃上出現一層白膜可起鍋。
4　起鍋後加少許鹽可開動。

美味小撇步
· 倒入清水後容易油爆，務必小心。
· 喜歡流心蛋黃者，建議不要燜過久。
· 先將雞蛋打在碗裡再倒入鍋中，太陽蛋外形比較完整。

培根太陽蛋

材料
雞蛋——1顆
培根——1條

調味料
橄欖油——1小匙
清水——1大匙
鹽——少許

作法

1　將蛋黃和蛋白分開，培根切小塊，平底鍋倒入清水，開中小火先放入培根，燜煎到水分收乾。
2　轉小火，在不沾鍋裡把碎培根排一個圓圈，圈裡倒入油。
3　培根圈中倒入蛋白。
4　待蛋白變白，再將蛋黃放在蛋白中央，繼續煎到喜歡的熟度可起鍋。
5　起鍋後加少許鹽可開動。

料理小撇步

· 培根也可以直接鋪平，把蛋白打在培根上也可以。

喜歡西式早餐可以這樣吃，也可以把培根太陽蛋做成開放三明治。

晚霞太陽蛋

材料
雞蛋——2顆

調味料
橄欖油——1小匙
鹽——少許

作法

1　蛋黃蛋白分開，蛋白攪打均勻。
2　不沾鍋中小火，冷油倒入蛋白，可用料理筷將蛋白集中，也可翻面。
3　待蛋白熟透，將一顆蛋黃弄破倒在蛋白上加熱約 10 秒。
4　再將另一顆蛋黃放在煎蛋正中央，繼續煎到喜歡得熟度可起鍋。
5　起鍋後加少許鹽可開動。

美味小撇步

· 想吃兩顆蛋偶爾變化一下煎法，賞心悅目。
· 蛋黃可用鍋鏟輕輕的往中心靠著加熱一會兒再拿開，蛋黃位置就可固定。

兩顆蛋黃的太陽蛋就像是一抹晚霞，偶爾會想多吃一顆蛋黃，那就來吧！

材料

雞蛋——1顆
磨菇——2朵

調味料

橄欖油——1小匙
鹽——少許

作法

1 蛋黃蛋白分開，蘑菇切片不放油下鍋小火乾煸，兩面煎焦黃先盛起。
2 轉小火，不沾鍋倒入油再倒入蛋白，將蘑菇在蛋白邊緣圍一個圈。
3 待蛋白變白，再將蛋黃放在蛋白中央，繼續煎到喜歡的熟度可起鍋。
4 起鍋後加少許鹽可開動。

美味小撇步

·蘑菇先乾煸將水分收乾，味道很香。
·蛋白若太稀，一邊煎蛋白可用料理筷將蛋白塑形。

磨菇太陽蛋

磨菇切片很可愛，做成的太陽蛋是小朋友也喜歡的蛋料理，帶便當也很適合。

材料

雞蛋——1顆
黑芝麻粉——1/8
　　　　小匙

調味料

橄欖油——1小匙
鹽——少許

作法

1 將蛋黃和蛋白分開，蛋白加入黑芝麻粉攪打均勻。
2 不沾鍋小火，冷油倒入蛋白。
3 待蛋白熟透，將蛋黃放在蛋白中央，繼續煎到喜歡的熟度可起鍋。
4 起鍋後加少許鹽可開動。

美味小撇步

·沒有黑芝麻粉也可以用黑芝麻粒。
·蛋黃可用鍋鏟輕輕往中心靠著加熱一會兒再拿開，蛋黃位置就可固定了。

芝麻太陽蛋

黑芝麻是好物，沒空喝杯芝麻牛奶時，加在雞蛋裡也可以。

煎蛋卷
VS
蛋皮卷

幸福的餐桌來一份有滋有味的煎蛋捲，
或可當小食小點的蛋皮卷，
配上一碗湯、一壺茶或是一杯酒，
一個人或幾個朋友常聚首，
簡單而滿足。

南瓜煎蛋卷

南瓜是好棒的食材，煎煮炒炸通通可以，磨泥、切丁、切片或切滾刀塊，口感不同但都非常美味。南瓜煎蛋卷不只可以當早餐也可以當下午茶茶喔！

材料
雞蛋——2 顆
栗子南瓜——50 克

調味料
橄欖油——1 小匙
鹽——1/4 小匙

作法
1　雞蛋加入鹽攪打均勻，南瓜一部分切薄片，一部分切小丁。
2　不沾鍋小火倒油，一側放入南瓜薄片，一側放上小小丁。
3　南瓜正反面煎上色後，緩緩倒入蛋汁。
4　輕晃一下鍋子讓蛋汁均勻在鍋中，轉中小火。
5　待邊緣蛋汁捲曲，中央因熱空氣鼓起，蓋鍋並將火轉稍大。
6　鍋中很快充滿蒸氣，馬上關火燜 4 ～ 5 分鐘。
7　打開鍋蓋將蛋皮輕輕捲起即完成。

美味小撇步
· 南瓜要盡量切薄，比較好捲喔。
· 兩顆蛋做煎蛋卷，建議使用 20 公分不沾鍋，厚度比較飽嘴。

堅果煎蛋卷

5 分鐘快速出餐，早餐吃雞蛋也一起吃堅果。

堅果含有不飽和脂肪酸和抗氧化物質，適量攝取可預防心血管疾病。

材料
雞蛋——2 顆
堅果——20 克

調味料
橄欖油——1 小匙
鹽——1/4 小匙
美乃滋——1/2 小匙
　　　　或不用加

作法
1　雞蛋加入鹽和美乃滋攪打均勻、預留幾顆堅果放在鍋裡蛋汁邊緣，其餘敲碎備用。
2　不沾鍋中小火倒入油，在鍋裡一側放上幾顆完整個堅果，隨後緩緩倒入蛋汁。
3　輕晃鍋子讓蛋汁均勻在鍋中，並將碎堅果鋪在蛋汁上。
4　待邊緣蛋汁捲曲，中央因熱空氣鼓起，蓋鍋將火轉稍大。
5　鍋中很快充滿蒸氣，馬上關火燜 4 ～ 5 分鐘。
6　打開鍋蓋將蛋皮輕輕捲起即完成。

美味小撇步
・堅果敲碎比較好捲。

起司煎蛋卷

會牽絲的起司蛋卷可是很受小朋友歡迎喔！加入不同風味的起司，煎蛋卷也有不同滋味滿足味蕾呀！

材料
雞蛋——2 顆
雙色乳酪絲——20 克
乾酪片——1 片

調味料
橄欖油——1/2 小匙

作法
1　雞蛋攪打均勻。
2　不沾鍋小火倒油，將雙色乳酪司鋪在鍋裡一側，煎到焦酥。
3　隨後緩緩倒入蛋汁。
4　輕晃鍋子讓蛋汁均勻在鍋中，轉中小火。
5　待邊緣蛋汁捲曲，中央因熱空氣鼓起，蓋鍋並將火轉稍大。
6　鍋中很快充滿蒸氣，馬上關火燜 4 ～ 5 分鐘。
7　開鍋蓋將乾酪片鋪在蛋皮上，並將厚蛋皮輕捲起即完成。

美味小撇步
‧乾酪如果有鹹，蛋汁就不必放鹽了。
‧雙色乳酪絲煎焦酥顏色會變深，煎蛋卷捲起剛好露在煎蛋卷表面。
‧兩顆蛋做煎蛋卷，建議使用 20 公分不沾鍋，厚度比較飽嘴。

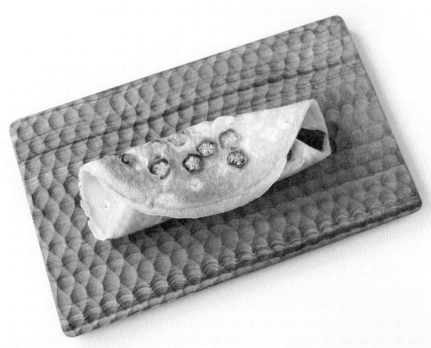

秋葵煎蛋卷

秋葵切面就像很多小星星，拿來煎蛋卷好可愛！裝便當或出一份早午餐都適合。

材料
雞蛋——2 顆
秋葵——5 根

調味料
橄欖油——1 小匙
鹽——1/4 小匙

作法
1　雞蛋加入鹽攪打均勻，秋葵洗淨後汆燙切小丁。
2　不沾鍋小火倒入油，放入秋葵丁並緩緩倒入蛋汁。
3　輕晃鍋子讓蛋汁均勻在鍋中，轉中小火。
4　待邊緣蛋汁捲曲，中央因熱空氣鼓起，鍋中很快充滿蒸氣，馬上關火燜 4 ～ 5 分鐘。
5　打開鍋蓋將蛋皮輕輕捲起即完成。

美味小撇步
・汆燙後再下秋葵是為了避免鍋中產生黏液不好煎蛋。
・秋葵不要切太厚，比較好捲喔。

材料
雞蛋——1 顆

調味料
橄欖油——1/2 小匙
鹽——少許

作法

1 雞蛋加入少許鹽攪打均勻。
2 中小火不沾鍋倒入油，隨後緩緩倒入蛋汁。
3 輕晃鍋子讓蛋汁均勻在鍋中形成一個圓，蓋鍋 3 秒後關火。
4 燜 2 分鐘後將蛋皮輕輕取出放在乾淨大盤或砧板上。
5 對摺半圓後，由尖端部分向另一尖端緊緊捲起即完成。

美味小撇步

· 蛋皮出鍋不需翻面，朝鍋底那面的蛋皮比較光滑捲起來比較美觀。
· 一顆雞蛋做蛋皮捲，建議使用 24 公分不沾鍋，成品很好捲。若 2 顆或 3 顆雞蛋燜蛋皮，28 公分不沾鍋較適合。

菇菇煎蛋卷

用兩顆蛋加上各種喜歡的菇類煎成軟嫩的蛋卷，不但份量飽足也補充蛋白質、礦物質和維生素。

材料
雞蛋——2 顆
蘑菇——5 朵

調味料
橄欖油——1 小匙
鹽——1/4 小匙
美乃滋——1/2 小匙
　　　或不用加

作法

1 雞蛋加入鹽和美乃滋攪打均勻、菇類切片或切細末。
2 中小火鍋裡不放油將菇類乾煸上色後平均鋪在鍋裡。
3 轉小火，在不沾鍋倒入油，隨後緩緩倒入蛋汁。
4 輕晃鍋子讓蛋汁均勻在鍋中，轉中小火。
5 待邊緣蛋汁捲曲，中央因熱空氣鼓起，蓋鍋並將火轉稍大。
6 　鍋中很快充滿蒸氣，馬上關火燜 4 ～ 5 分鐘。
7 打開鍋蓋將蛋皮輕輕捲起即完成。

美味小撇步

· 煎蛋卷盛盤露出那一面，可將菇類切薄片均勻鋪在鍋緣，其他可切細末比較好捲，蛋汁慢慢倒入鍋中並淋一些在蘑菇切片上。
· 加入美乃滋可使煎蛋卷口感較軟嫩。

41

材料
雞蛋——1 顆

調味料
橄欖油——1/2 小匙
鹽——少許

作法

1 將蛋白與蛋黃分開，分別加入少許鹽攪打均勻。
2 中小火不沾鍋倒入油，隨後先緩緩倒入蛋白液。
3 輕晃鍋子讓蛋白液均勻在鍋中形成一個圓，蓋鍋 3 秒後關火。
4 燜 2 分鐘後將蛋白皮輕輕取出放在乾淨大盤或砧板上。
5 接著原鍋倒入蛋黃液也稍微搖晃一下，形成薄薄蛋黃皮，蓋鍋關
　火燜 2 分鐘後取出。
5 最後將蛋白蛋黃疊在一起再緊緊捲起即完成。

美味小撇步

‧蛋白煎起來比蛋黃大，建議用蛋白包蛋黃比較不容易破損。
‧其他請參考 P.41 原味蛋皮卷。

雙色蛋皮卷

不用添加複雜的調味料，利用蛋白
和蛋黃天然的顏色，就能讓蛋皮卷
變成有趣的蛋料理。

材料
雞蛋——2 顆
櫛瓜——50 克

調味料
橄欖油——1 小匙
鹽——1/4 小匙
美乃滋——1/2 小匙
　　或不用加

作法

1 雞蛋加入鹽和美乃滋攪打均勻，櫛瓜一部分切薄片，一部分切小
　小丁。
2 不沾鍋小火倒入油，一側放入櫛瓜薄片，一側放上小小丁。
3 櫛瓜正反面煎上色後，緩緩倒入蛋汁。
4 輕晃鍋子讓蛋汁均勻在鍋中，轉中小火。
5 待邊緣蛋汁捲曲，中央因熱空氣鼓起，蓋鍋並將火轉稍大。
6 鍋中很快充滿蒸氣，馬上關火燜 4 ～ 5 分鐘。
7 打開鍋蓋將蛋皮輕輕捲起即完成。

美味小撇步

‧櫛瓜要盡量切薄，比較好捲喔。
‧加入美乃滋可使煎蛋卷口感較軟嫩。

櫛瓜煎蛋卷

很喜歡櫛瓜清甜多汁的滋味，拿來
煎蛋卷方便又好吃，看起來也讓人
很有食欲。

芥茉籽蛋皮卷

芥末籽風味的蛋皮卷外表有討喜的小點點！微微嗆酸的滋味是大人喜歡的風味；適合帶便當也適合當下酒菜，很短時間就能完成這道小菜跟另一半乾杯！

材料
雞蛋——1顆

調味料
橄欖油——1/2 小匙
法式芥茉籽醬——1/2 小匙

作法
1　雞蛋加入芥末籽醬攪打均勻。
2　中小火不沾鍋倒入油，隨後緩緩倒入蛋汁。
3　輕晃鍋子讓蛋汁均勻在鍋中形成一個圓，蓋鍋 3 秒後關火。
4　燜 2 分鐘後將蛋皮輕輕取出放在乾淨大盤或砧板上。
5　對摺半圓後，由尖端部分向另一尖端緊緊捲起即完成。

美味小撇步
・請參考 P.41 原味蛋皮卷。

材料

雞蛋——1 顆
鹽味海苔——1 片
　　（合適大小）

調味料

橄欖油——1/2 小匙

作法

1　雞蛋加入少許鹽攪打均勻。
2　中小火不沾鍋倒入油，隨後緩緩倒入
　　蛋汁。
3　輕晃鍋子讓蛋汁均勻在鍋中形成一個
　　圓，蓋鍋 3 秒後關火。
4　燜 2 分鐘後將蛋皮輕輕取出放在乾淨
　　大盤或砧板上。
5　蛋皮放上海苔片，緊緊捲起即完成。

美味小撇步

・請參考 P.41 原味蛋皮卷。

海苔蛋皮卷

夾入鹽味海苔片吃起來鹹香可口，便當、
早餐或下午點心，大人小孩一定會很喜歡。

材料

雞蛋——1 顆

調味料

橄欖油——1/2 小匙
白芝麻粒——少許
美乃滋——1/2 小匙

作法

1　雞蛋加入美乃滋和白芝麻粒攪勻。
2　中小火不沾鍋倒入油，隨後緩緩倒入
　　蛋汁。
3　輕晃鍋子讓蛋汁均勻在鍋中形成一個
　　圓，蓋鍋 3 秒後關火。
4　燜 2 分鐘後將蛋皮輕輕取出放在乾淨
　　大盤或砧板上。
5　對摺半圓後，由尖端部分向另一尖端
　　緊緊捲起即完成。

美味小撇步

・加入白芝麻粒可增添口感，擠一點美
　乃滋在蛋皮捲上，滋味更濃郁。
・其他請參考 P.41 原味蛋皮卷。

美乃滋蛋皮卷

不得不説美乃滋跟雞蛋很搭，這蛋皮口感
軟嫩，飢腸轆轆時來一捲美乃滋蛋皮捲會
有滿滿的幸福感呢！

玉子燒們

各式各樣的玉子燒，
豐富了餐桌和便當，
愛吃的食材、喜歡的滋味
都給捲進蛋裡一起吃下肚。

骰子玉子燒

如骰子一般，看起來小巧可愛，拿來裝入便當呈現不同視覺，跟家人或朋友分食也是很棒的聊天小菜。

美味小撇步

· 也可使用一般不沾鍋，將蛋汁整成長方型慢慢捲起。
· 也可趁熱將剛捲好的玉子燒用捲簾或鋁箔紙捲成圓柱型放涼定型。
· 高湯鹹淡不一，請斟酌鹽的用量。

材料
雞蛋——3 顆

調味料
橄欖油——1 小匙
昆布高湯——2 大匙
鹽——1/8 小匙

作法

1　雞蛋加入昆布高湯和鹽攪打均勻。
2　起一玉子燒鍋，中小火，夾乾紙巾沾油塗抹在鍋裡，鍋燒熱倒入少許蛋汁並緩緩傾斜鍋子使蛋汁佈滿鍋中。
3　待蛋汁成型，將蛋皮慢慢捲起後推到鍋裡一邊，再夾沾油的紙巾塗抹鍋中其餘空間。
4　接著再倒入少許蛋汁均勻漫布鍋中，並將剛才捲好的蛋卷壓在蛋汁上，待鍋中蛋汁成型再從蛋卷端將成型的蛋皮繼續捲起，一直重複 4 至 5 次後即獲得一塊厚厚長方型的玉子燒。
5　將玉子燒分切成小方塊即完成。

美味小撇步
· 喜歡鮪魚風味濃一點可酌量增加
　鮪魚片比例。
· 其他請參考 P.48 骰子玉子燒。

材料
雞蛋——3 顆
鮪魚片——30 克

調味料
橄欖油——1 小匙
昆布高湯——2 大匙
鹽——1/8 小匙

作法
1　從鮪魚罐頭中取出鮪魚片擠乾湯汁放入雞蛋中，加入昆布高湯和鹽攪打均勻。
2　請參考骰子玉子燒步驟 2 ～ 4。
3　煎好出鍋分切，即可享用。

紫菜玉子燒

很喜歡這道紫菜玉子燒，就像紫菜蛋花湯有濃濃的古早味啊！

如果你家剛好有紫菜或海帶芽，加到蛋汁裡一起煎就對了，是好味道無誤。

美味小撇步
· 若紫菜需要清洗，務必瀝乾再加入蛋液中。
· 其他請參考 P.48 骰子玉子燒。

材料
雞蛋──3 顆
無砂紫菜──3 克

調味料
橄欖油──1 小匙
昆布高湯──2 大匙
鹽──1/8 小匙

作法
1　紫菜用剪刀或撕小片放入雞蛋中，加入昆布高湯和鹽攪打均勻，靜置 5 分鐘讓紫菜在蛋汁中泡軟。
2　請參考 P.48 骰子玉子燒步驟 2 ～ 4。
3　煎好出鍋分切，即可享用。

美味小撇步
・請參考 P.48 骰子玉子燒。

彩椒玉子燒

將不同的食材做成不同風味的玉子燒，很簡單哦！彩椒一年四季都有，肉厚清甜又多汁，做成彩椒玉子燒口味很清爽。

材料
雞蛋——3 顆
彩椒——40 克

調味料
橄欖油——1 小匙
昆布高湯——2 大匙
鹽——1/8 小匙

汆燙用清水
500ml

作法
1 彩椒入滾水汆燙 1 分鐘後瀝乾切小丁放涼。
2 雞蛋加入彩椒、昆布高湯和鹽攪打均勻。
3 請參考 P.48 骰子玉子燒步驟 2 ～ 4。
4 煎好出鍋分切，即可享用。

明太子蛋白燒

又有多出來的蛋白了嗎？
那就來做蛋白燒吧！加入明太子將蛋白
表皮煎焦酥，鹹香軟嫩好開胃。

美味小撇步
· 蛋白加入明太子比較容易黏鍋，
　建議使用不沾鍋具。
· 其他請參考 P.48 骰子玉子燒。

材料
蛋白——4 顆
明太子——20 克

調味料
橄欖油——1 小匙
昆布高湯——2 大匙
味醂——1/2 大匙
鹽——1/4 小匙

作法
1　蛋白加入明太子、昆布高湯、味醂和鹽攪打均勻。
2　請參考 P.48 骰子玉子燒步驟 2 ～ 4 將煎好的蛋白燒正反面煎焦
　　酥後飄出明太子香氣。
3　煎好出鍋分切，即可享用。
4　再用捲簾或鋁箔紙捲起定型後分切即完成。

毛豆玉子燒

毛豆含有豐富的植物蛋白，做成玉子燒，分切後外表也很有趣。

美味小撇步
· 毛豆體積大比較不好捲，可將大部份毛豆留到最後一次到蛋汁時倒入多一點毛豆和蛋汁，蛋皮厚一些較容易操作。

材料
雞蛋——3 顆
冷凍熟毛豆——60 克

調味料
橄欖油——1 小匙
昆布高湯——2 大匙
鹽——1/8 小匙

作法
1　雞蛋加入毛豆、昆布高湯和鹽攪打均勻。
2　起一玉子燒鍋，中小火，夾乾紙巾沾油塗抹在鍋裡，鍋燒熱倒入少許毛豆蛋汁並搖晃鍋子使毛豆蛋汁佈滿鍋中，毛豆比較大顆，不容易平均分佈，建議用筷子稍微調整。
3　請參考 P.48 骰子玉子燒步驟 2 ～ 4。
4　煎好出鍋分切，即可享用。

九層塔玉子燒

沒有三杯雞也沒有鹹酥雞，不然來一份九層塔玉子燒可以嗎？放入九層塔的高湯玉子燒也可以下酒啊！

材料
雞蛋——3 顆
九層塔——10 克

調味料
橄欖油——1 小匙
昆布高湯——2 大匙
鹽——1/8 小匙

汆燙用清水
500ml

作法
1　九層塔入滾水汆燙 15 秒瀝乾切碎放涼。
2　雞蛋加入碎九層塔、昆布高湯和鹽攪打均勻。
3　請參考 P.48 骰子玉子燒步驟 2 ～ 4。
4　煎好出鍋分切，即可享用。

美味小撇步
・九層塔先用滾水汆燙一下可避免變黑。
・其他請參考 P.48 骰子玉子燒。

山蘇胡蘿蔔玉子燒

材料
雞蛋——3 顆
山蘇——20 克
胡蘿蔔——15 克
昆布高湯——2 大匙
鹽——1/8 小匙
白芝麻——粒少許

汆燙用清水
500ml

調味料
橄欖油——1 小匙

作法
1 山蘇切細，胡蘿蔔刨細絲，入滾水汆燙1至2分鐘瀝乾放涼。
2 雞蛋加入山蘇、胡蘿蔔絲、昆布高湯、白芝麻粒和鹽攪打均勻。
3 請參考 P.48 骰子玉子燒步驟 2 ～ 4。
4 煎好出鍋分切，即可享用。

美味小撇步
· 蔬菜汆燙後變軟，玉子燒比較好捲
· 其他請參考 P.48 骰子玉子燒。

山蘇的爽脆口感加上胡蘿蔔的甜，這樣的玉子燒同時攝取維生素和蛋白質真的很適合帶便當。

剝皮辣椒玉子燒

材料
雞蛋——3 顆
剝皮辣椒——40 克

調味料
橄欖油——1 小匙
昆布高湯——2 大匙

作法
1 剝皮辣椒切碎放入雞蛋中，加入昆布高湯攪打均勻。
2 請參考 P.48 骰子玉子燒步驟 2 ～ 4。
3 煎好出鍋分切，即可享用。

美味小撇步
· 剝皮辣椒已有鹹，蛋汁裡就不再加鹽。
· 其他請參考 P.48 骰子玉子燒。

喜歡大人口味的玉子燒嗎？剝皮辣椒來報到囉！微微嗆辣無疑是道美味的下酒菜。

厚蛋燒集錦

在骰子玉子燒上填入喜歡的食材作為厚蛋燒頂料，這是一份很棒的開趴 finger food。只要有雞蛋和簡單的零食或佐料，隨時都能從容地款待賓客。

材料

雞蛋——4 顆	明太子——少許
櫻花蝦——少許	松露醬——少許
酪梨——1 小塊	小黃瓜——1 小塊
XO 醬——少許	蔥花——少許
毛豆——1 顆	梅醬——少許
杏仁豆——1 顆	腰果——1 顆
鮭魚鬆——少許	

調味料

橄欖油——1 小匙
昆布高湯——2 大匙
鹽——1/4 小匙
美乃滋——少許

作法

1　雞蛋加入昆布高湯和鹽攪打均勻。

2　起一玉子燒鍋，中小火，夾乾紙巾沾油塗抹在鍋裡，鍋燒熱倒入少許蛋汁並搖晃鍋子使蛋汁佈滿鍋中，待蛋汁成型用鍋鏟直接將蛋皮對摺，繼續將沾油的紙巾塗抹玉子燒鍋後，再倒入蛋汁並將煎好的蛋皮壓在蛋汁上，待蛋汁成型後再對摺，相同動作重複 3～4 次後，就煎好一份半個玉子燒鍋大小的厚蛋燒。

3　接下來將厚蛋燒平均分切成 12 小塊。

4　先將 XO 醬、松露醬、梅醬和美乃滋鋪在不同的小塊厚蛋上。再將不同材料填在醬料上即完成。

美味小撇步

‧頂料可以按喜好隨意變化。

‧美乃滋是用來固定容易移動的頂料。

‧如果要做成甜的厚蛋燒也可以，高湯可以改用鮮奶，鹽可以改成糖，美乃滋可以改用果醬替代。

蛋手捲們

雞蛋變成蛋皮後功能強大，
把愛吃的食材用蛋皮包起來端上餐桌，
就彷彿來到了日料亭，
營養又體面，
絕對可以成為宴客的口袋菜色。

大蝦蛋手捲

足以讓食客驚艷的菜色，讓雞
蛋發揮其平凡又不平凡的本性。
大蝦手捲……哦……大蝦蛋手
捲上菜囉！

材料
雞蛋——2 顆
燙熟草蝦——2 尾
小黃瓜——半條
高麗菜絲——10 克

調味料
橄欖油——微量
鹽——少許
美乃滋——隨喜好

作法

1　草蝦由蝦頭前端穿入竹籤至尾端，放入滾水汆燙，拔出竹籤後去頭剝殼去腸泥備用，高麗菜切細絲、小黃瓜切長條去籽、雞蛋加入少許鹽攪打均勻。

2　起一不沾鍋，中小火，鍋裡倒入少量油，用乾紙巾在鍋中塗抹均勻，隨後緩緩倒入蛋汁。

3　傾斜輕晃鍋子，讓蛋汁均勻在鍋中形成一個圓，蓋鍋 3 秒後關火。

4　燜 2 分鐘後將蛋皮輕輕取出放在乾淨大盤或砧板上。

5　將圓形蛋皮分切成兩個半圓，各在蛋皮左上尖角處依序疊上高麗菜絲、少許美乃滋、草蝦和小黃瓜。

6　將蛋皮從左至右捲起即完成。

美味小撇步

‧油量盡量少，越油、蛋皮越軟，不容易做蛋手捲。

‧蛋皮出鍋不需翻面，朝鍋底那面的蛋皮比較光滑捲起來比較美觀。

‧顆雞蛋份量，建議使用 28 公分不沾鍋，一張蛋皮對切可以做兩捲。若使用玉子燒鍋，1 顆雞蛋做一張蛋皮。

‧也可在蛋汁裡加適量玉米粉拌勻，加粉的蛋皮不容易破。

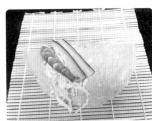
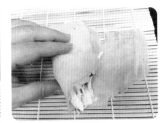

起司胡蘿蔔蛋手捲

切達乳酪配炒軟的胡蘿蔔絲居然味道很不錯，這道蛋手捲選用的食材很容易上手，沒有捲過蛋手捲的朋友，建議可以從這道開始哦！

材料
雞蛋——2 顆
胡蘿蔔絲——30 克
小黃瓜——半條
高麗菜絲——20 克
切達乳酪——少許

調味料
橄欖油——微量
鹽——少許
美乃滋——隨喜好

份量 2 捲

作法
1　胡蘿蔔刨絲用少許油炒軟、高麗菜切細絲、小黃瓜分切長條去籽、切達乳酪切小方塊、雞蛋加入少許鹽攪打均勻。
2　起一不沾鍋，中小火，鍋裡倒入少量油，用乾紙巾在鍋中均勻塗抹，隨後緩緩倒入蛋汁。
3　傾斜輕晃鍋子讓蛋汁均勻在鍋中形成一個圓，蓋鍋 3 秒後關火。
4　燜 2 分鐘後將蛋皮輕輕取出放在乾淨大盤或砧板上。
5　將圓形蛋皮分切成兩個半圓，各在蛋皮左上尖角處依序疊上高麗菜絲、少許美乃滋、小黃瓜和胡蘿蔔絲。
6　將蛋皮從左至右捲起，最後放入切達乳酪即完成。

美味小撇步
‧油量盡量少，只要不沾即可，越油的蛋皮皮越軟，不容易做蛋手捲。
‧蛋皮從不沾鍋取出不需翻面，朝鍋底那面的蛋皮比較光滑捲起來比較美觀。
‧若使用圓鍋，建議使用 28 公分不沾鍋，對切兩個半圓的蛋皮剛好可以做兩捲。也可以使用長方形玉子燒鍋，1 顆雞蛋剛好可以做一張蛋皮，若能把蛋皮煎更薄不失敗，也可以一顆蛋煎兩張蛋皮。
‧也可以在蛋汁中加入適量玉米粉拌勻，加粉的蛋皮不容易破。

材料 | 調味料 | 份量 2 捲
鴻喜菇——50 克 | 橄欖油——微量
小黃瓜——半條 | 鹽——少許
高麗菜絲——20 克 | 美乃滋——隨喜好
甜椒——少許

作法

1 鴻喜菇整株不剝開切除底部，噴少許油，烤箱以攝氏 200 度預熱烤 12 分鐘後再分成 2 株，高麗菜切細絲、小黃瓜分切長條去籽、甜椒切細長條、雞蛋加入少許鹽攪打均勻。

2 起一不沾鍋，中小火，鍋裡倒入少量油，用乾紙巾在鍋中均勻塗抹，隨後緩緩倒入蛋汁。

3 傾斜輕晃鍋子讓蛋汁均勻在鍋中形成一個圓，蓋鍋 3 秒後關火。

4 燜 2 分鐘後將蛋皮輕輕取出放在乾淨大盤或砧板上。

5 將圓形蛋皮分切成兩個半圓，各在蛋皮左上尖角處依序疊上高麗菜絲、少許美乃滋、甜椒和小黃瓜。

6 將蛋皮從左至右捲起，最後把烤紅喜菇塞進手捲即完成。

美味小撇步

· 油量盡量少，只要不沾即可，越油的蛋皮皮越軟，不容易做蛋手捲。

· 蛋皮從不沾鍋取出不需翻面，朝鍋底那面的蛋皮比較光滑捲起來比較美觀。

· 若使用圓鍋，建議使用 28 公分不沾鍋，對切兩個半圓的蛋皮剛好可以做兩捲。也可以使用長方形玉子燒鍋，1 顆雞蛋剛好可以做一張蛋皮，若能把蛋皮煎更薄不失敗，也可以一顆蛋煎兩張蛋皮。

· 也可以在蛋汁中加入適量玉米粉，加粉的蛋皮不容易破。

菇菇蛋手捲

全素的菇菇蛋手捲，清爽開胃。
吃 2 捲也不擔心吃太多。

雞絲蛋手捲

冰箱裡常備的烤雞腿，剝絲後可變化多種料理，拿來做手捲搭配韓國芝麻葉也別有一番風味。

材料
雞蛋——2 顆
烤雞腿肉——20 克
小黃瓜——半條
高麗菜絲——20 克
韓國芝麻葉——2 片

調味料
橄欖油——微量
鹽——少許
美乃滋——隨喜好

份量 2 捲

作法

1　烤雞腿肉剝細絲、高麗菜切細絲、小黃瓜分切長條去籽、芝麻葉洗淨擦乾、
　　雞蛋加入少許鹽攪打均勻。

2　起一不沾鍋，中小火，鍋裡倒入少量油，用乾紙巾在鍋中均勻塗抹，隨後緩
　　緩倒入蛋汁。

3　傾斜輕晃鍋子讓蛋汁均勻在鍋中形成一個圓，蓋鍋 3 秒後關火。

4　燜 2 分鐘後將蛋皮輕輕取出放在乾淨大盤或砧板上。

5　將圓形蛋皮分切成兩個半圓，各在蛋皮左上尖角處依序疊上芝麻葉、高麗菜
　　絲、少許美乃滋、小黃瓜和烤雞絲。

6　將蛋皮從左至右捲起即完成。

美味小撇步

· 油量盡量少，只要不沾即可，越油的蛋皮皮越軟，不容易做蛋手捲。

· 蛋皮從不沾鍋取出不需翻面，朝鍋底那面的蛋皮比較光滑捲起來比較美觀。

· 若使用圓鍋，建議使用 28 公分不沾鍋，對切兩個半圓的蛋皮剛好可以做兩捲。
　也可以使用長方形玉子燒鍋，1 顆雞蛋剛好可以做一張蛋皮，若能把蛋皮煎更
　薄不失敗，也可以一顆蛋煎兩張蛋皮。

· 也可以在蛋汁中加入適量玉米粉，加粉的蛋皮不容易破。

滑蛋們

滑蛋應該算是蛋料理中需要手感和經驗的作法，
火侯不能太小油要熱，
起鍋時間要恰到好處就能吃到極嫩的炒蛋。
愛搭什麼料就搭什麼料，
任做一道蓋在一碗米飯上，
隨即變成香噴噴的蓋飯料理。

蘑菇滑蛋

各種新鮮菇類都很適合做滑蛋料裡，建議喜歡菌菇類的朋友，試試將菇類先乾煸出香氣再來料裡滑蛋，各式菇類滑蛋很適合當早餐，方便快速又美味。

材料
雞蛋——2 顆
蘑菇——30 克

調味料
橄欖油——1/2 大匙
玫瑰鹽——少許

作法
1　蘑菇切片或切小丁皆可，雞蛋加點鹽攪打均勻備用。
2　起一不沾鍋中小火不放油，放入蘑菇將蘑菇煸乾水分後起鍋備用。
3　不沾鍋中小火倒入油，油燒熱倒入蛋汁並把蘑菇撒在蛋汁上，待蛋汁邊緣捲起，用料理筷或鍋鏟將蛋汁由一側撥到另一側，大約 3 至 4 次，鍋裡蛋汁約七分熟可起鍋。

美味小撇步
‧煸好的蘑菇也可先放入蛋汁和蛋汁一起下鍋。
‧其他請參考鮮奶滑蛋

鮮奶滑蛋

鮮奶滑蛋是我家取代美式炒蛋的懶人作
法，我用少許鮮奶並控制火侯和出鍋時
間，還是可以獲得一份嫩嫩的美式炒蛋。

材料
雞蛋——1顆
鮮奶——1大匙

調味料
橄欖油——1小匙
玫瑰鹽——少許

作法
1 雞蛋加點鹽和鮮奶攪打均勻。
2 不沾鍋中小火倒入油，油燒熱倒入蛋汁，待蛋汁邊緣捲起，用
   料理筷或鍋鏟將蛋汁由一側撥到另一側，大約 3 至 4 次，鍋
   裡蛋汁約七分熟可起鍋。

美味小撇步
‧蛋汁入鍋後要專注盯著蛋汁熟度，熱鍋熱油蛋汁很容易全熟。
‧滑蛋在鍋裡只要 7 分熟可出鍋，出鍋後熱度可讓蛋汁繼續熟到
  8 分熟，這樣的滑蛋嫩度非常美味。

起司滑蛋

起司滑蛋香濃滑順,是我家早餐很常出
現的雞蛋料理,放入喜歡的起司一分鐘
可出餐。

材料
雞蛋——2 顆
起司——1 片

調味料
橄欖油——1/2 大匙

作法
1　雞蛋攪打均勻,起司撕小片放入蛋汁中。
2　不沾鍋中小火倒入油,油燒熱倒入起司蛋汁,待蛋汁邊緣捲
　　起,用料理筷或鍋鏟將蛋汁由一側播到另一側,大約3至4次,
　　鍋裡蛋汁約七分熟可起鍋。

美味小撇步
‧起鍋時滑蛋中的起司雖有熱熔,但仍可看見小片起司形狀,不
　要等到起司都完全融化了才起鍋。
‧其它可參考秋葵蝦仁滑蛋

秋葵蝦仁滑蛋

白蝦的鮮甜、雞蛋的鹹香加上秋葵滑順
口感，這是道營養滿點的下飯菜色，滑
嫩雞蛋讓所有食材結合，也是一道出色
的丼飯料理。

材料
雞蛋——3 顆
秋葵——4 支
急速冷凍白蝦仁——25 尾
約 160 克

調味料
橄欖油——1 大匙＋1 小匙
鰹魚醬油——2 大匙

汆燙用清水
300ml

作法
1　起一不沾鍋中小火，放入 1 小匙油先將蝦仁正反面煎至 9 分
　　熟盛起備用。
2　秋葵洗淨用滾水汆燙燙熟後切小丁備用。
3　雞蛋攪打均勻後加入煎好的蝦仁、秋葵丁和鰹魚醬油拌勻。
4　不沾鍋中大火倒入 1 大匙油燒熱，將秋葵蝦仁蛋汁倒入後，
　　待蛋汁邊緣捲起，用料理筷或鍋鏟將蛋汁由一側播到另一
　　側，大約 3 至 4 次，鍋裡蛋汁約七分熟可起鍋。

美味小撇步
‧先將雞蛋以外的食材煮熟，比較容易控制滑蛋的火候。
‧蛋汁入鍋後要專注盯著蛋汁熟度，熱鍋熱油蛋汁很容易全熟。
‧滑蛋在鍋裡只要 7 分熟可出鍋，出鍋後熱度可讓蛋汁繼續熟
　到 8 分熟。

櫻花蝦滑蛋

如果冰箱裡剛好有櫻花蝦,拿來滑蛋試試,超級香的喔!

櫻花蝦香氣逼人,份量不用太多就可發揮滿滿鱻氣。

材料
雞蛋——2 顆
乾燥櫻花蝦——2 克

調味料
橄欖油——1/2 大匙
玫瑰鹽——少許

作法
1　雞蛋加點鹽攪打均勻備用。
2　不沾鍋小火倒入油並放入櫻花蝦,煸出香氣後盡速將櫻花蝦夾出來。
3　原鍋轉中小火把油燒熱,倒入蛋汁並把煸過的櫻花蝦撒在蛋汁上,待蛋汁邊緣捲起,用料理筷或鍋鏟將蛋汁由一側播到另一側,大約 3 至 4 次,鍋裡蛋汁約七分熟可起鍋。

美味小撇步
‧要注意櫻花蝦很容易燒焦,煸出香氣後馬上夾出來。
‧其他請參考堅果滑蛋。

堅果滑蛋

滑蛋裡加一點綜合堅果，是懶人料裡享
受美味同時也攝取好的油脂。

材料
雞蛋──2 顆
綜合堅果──20 克

調味料
橄欖油──1/2 大匙
玫瑰鹽──少許

作法
1　堅果壓碎或不壓碎皆可，雞蛋加點鹽攪打均勻備用。
2　不沾鍋中小火倒入油，油燒熱倒入蛋汁並把綜和堅果撒在蛋汁
　　上，待蛋汁邊緣捲起，用料理筷或鍋鏟將蛋汁由一側播到另一
　　側，大約 3 至 4 次，鍋裡蛋汁約七分熟可起鍋。

美味小撇步
‧堅果也可以壓碎後，放入蛋汁和蛋汁一起下鍋。
‧蛋汁入鍋後要專注盯著蛋汁熟度，熱鍋熱油蛋汁很容易全熟。
‧滑蛋在鍋裡只要 7 分熟可出鍋，出鍋後熱度可讓蛋汁繼續熟到 8
　分熟。

茶碗蒸們

偶爾有些時刻，有點餓不想吃太多。
偶爾有些冷天，有點凍想來點熱食。
偶爾有些夜晚，肚子咕嚕咕嚕但家裡只有雞蛋。
偶爾有些日子，特別想念家人想念媽媽的味道。

蒸蛋吧！讓不同口味的茶碗蒸撫慰我們！

醬油茶碗蒸

滑嫩的蒸蛋老少咸宜，做為配菜或點心
都很適合。
僅需要少許鰹魚醬油就能享用非常美味
的茶碗蒸。

材料
雞蛋——1 顆

調味料
鰹魚醬油——2 小匙
清水——75 克

電鍋外鍋加水
1～2 杯適電鍋大小杯
視電鍋大小而定

作法
1　雞蛋加入鰹魚醬油和清水攪打均勻。
2　過篩或不過篩皆可，盛入一茶碗。
3　用耐熱保鮮膜或鋁箔紙蓋住茶碗。
4　電鍋倒入適量水後開啟，待蒸氣散出再將茶碗放入，蓋鍋蒸
　　12 分鐘可出鍋。

美味小撇步
‧蛋汁不過篩表面會多一些氣泡，但不影響風味。
‧若要以高湯或鰹魚粉加水取代，建議蛋汁以外添加的液體共
　85 克。
‧蒸蛋容器越厚實，成品表面越光滑。

白蝦茶碗蒸

在享用滑嫩咕溜蒸蛋的同時不禁讚嘆大
白蝦的鮮甜與 Q 彈，這道茶碗蒸必定
能取悅餐桌上的食客，賞心悅目也滿足
味蕾。

材料
雞蛋——1顆
大白蝦——2尾
皇帝豆——1顆

調味料
鰹魚醬油——2 小匙
清水——75 克
玫瑰鹽——極少量

抓洗料
太白粉——少許
米酒——少許

電鍋外鍋加水
1～2 杯視電鍋大小而定

作法
1　蝦子去頭去尾剝蝦殼開背去腸泥後，用太白粉加少許酒抓洗
　　後用清水洗淨擦乾，雞蛋加入鰹魚醬油和清水攪打均勻。
2　蛋汁過篩或不過篩皆可，將蛋汁盛入一茶碗。
3　用耐熱保鮮膜或鋁箔紙蓋住茶碗。
4　白蝦和皇帝豆可裝入小碟或小碗一樣用鋁箔蓋起來。
5　電鍋倒入適量水後開啟，待蒸氣散出再將茶碗和小碟放入，
　　蓋鍋蒸 12 分鐘可出鍋。
6　將白蝦和皇帝豆放在蒸蛋上即完成。
7　開動之前可在白蝦上撒上幾粒玫瑰鹽風味更佳。

美味小撇步
．或分兩次蒸蛋，先倒 4/5 蛋汁，按上述步驟蒸好出鍋，蒸蛋
　上放入生白蝦和皇帝豆，接著倒入剩餘蛋汁，無需包覆，等電
　鍋蒸氣再釋出，再回鍋蒸 7-8 分鐘，蓋鍋務必留縫讓蒸氣散
　出。

帆立貝蒸蛋白

喜歡烘焙的家庭常常會有多出來的蛋白，
讓我們拿這些令人頭痛的蛋白來做好吃
的蒸蛋吧！

材料
蛋白——3 顆
北海道急凍熟帆立貝
　　　　——2 顆

調味料
海鹽——1/4 小匙
清水——110 克
味淋——1 小匙

電鍋外鍋加水——
1 ～ 2 杯視電鍋大小而定

作法
1　帆立貝解凍後用乾紙巾擦乾，蛋白加入調味料攪打均勻。
2　蛋白汁過篩或不過篩皆可，將 3/4 蛋白汁盛入一茶碗。
3　用耐熱保鮮膜或鋁箔紙蓋住茶碗。
4　電鍋倒入適量水後開啟，待蒸氣散出再將茶碗放入，蓋鍋蒸
　　12 分鐘。
5　移除保鮮膜，將帆立貝放在蒸蛋白上，再把剩餘 1/4 蛋白汁
　　倒入茶碗中，蓋鍋留縫繼續蒸 10 分鐘即完成。

美味小撇步
‧蛋白也可以全部一起蒸，蒸蛋白凝固後放上解凍帆立貝再蒸
　5 分鐘即可。
‧蛋白不容易過篩，不過篩也沒關係，建議添加液體和蛋白重
　量是 1：1，口感最佳。

干貝茶碗蒸

生食級北海道大干貝配上風味絕佳的黑
松露醬，盛裝在珍藏的手繪茶碗中，非
常適合宴客或在歡慶的日子來一場華麗
出餐哦！

材料

雞蛋——1顆
北海道生食級大干貝——
　　　　　　　　　　1顆
黑松露醬——少許
青蔥——少許
泡蔥用清水——少許

調味料

鰹魚醬油——2小匙
清水——75克

電鍋外鍋加水

1～2杯視電鍋大小而定

作法

1　干貝解凍後用乾紙巾擦乾，青蔥切絲泡入食用水中，雞蛋加
　　入鰹魚醬油和清水攪打均勻。
2　蛋汁過篩或不過篩皆可，盛入一茶碗並用耐熱保鮮膜或鋁箔
　　紙蓋住茶碗。
3　干貝擦乾裝入一小碟或一小碗，也用鋁箔紙包覆。
4　電鍋倒入適量水開啟，待蒸氣散出再將茶碗和小碟放入，蓋
　　鍋蒸12分鐘。
5　將蒸好的干貝放在蒸蛋上，蒸出的干貝汁也一同倒入，干貝
　　佐上一點蔥花和黑松露醬即可優雅享用。

美味小撇步

‧或分兩次蒸蛋，作法與白蝦蒸蛋雷同，唯第二次倒入蛋液並
　放上生食級干貝只需再蒸5分鐘即可。
‧干貝含水量較高一定要盡量擦乾，蒸好的干貝會釋出少量鮮
　甜湯汁在蒸蛋上，不是蒸蛋沒蒸熟喔。

菇菇茶碗蒸

各式菇類都非常適合作為茶碗蒸的頂
料，只要稍微將菇類乾煸出香氣，搭配
蒸蛋時，就有一碗好味道的茶碗蒸。

美味小撇步
· 菇類含水量很高建議先乾煸，若
 要直接將生的放在蒸蛋上蒸也可
 以，菇類釋出的水分可能會讓蒸
 蛋多些孔洞。

材料
雞蛋——1顆
鴻喜菇——少許

調味料
鰹魚醬油——2小匙
清水——75克
七味唐辛子——少許

電鍋外鍋加水
1～2杯視電鍋大小而定

作法
1　起一鍋中小火，鍋裡不放油將鴻喜菇煸乾後備用，雞蛋加入鰹
　　魚醬油和清水攪打均勻。
2　蛋汁過篩或不過篩皆可，將蛋汁盛入一茶碗。
3　用耐熱保鮮膜或鋁箔紙蓋住茶碗。
4　電鍋倒入適量水後開啟，待蒸氣散出再將茶碗放入，蓋鍋蒸12
　　分鐘。
5　打開茶碗蒸的保鮮膜或錫箔紙，將乾煸後的鴻喜菇放在蒸蛋上。
6　開動之前別忘了撒一點七味粉喔。

吻仔魚茶碗蒸

小朋友和老人家喜歡的吻仔魚茶碗蒸上桌囉！
這個口味很下飯，也能補充滿滿的鈣質。

美味小撇步
· 或分兩次蒸蛋，作法和白蝦蒸蛋雷同。
· 其他請參考 P.78 醬油茶碗蒸。

材料
雞蛋——1顆
吻仔魚——15 克
蔥花——少許

調味料
鹽味昆布高湯——30 克
清水——55 克

電鍋外鍋加水
1～2 杯視電鍋大小而定

作法

1　吻仔魚解凍後用乾紙巾擦乾，青蔥切絲泡入食用水中，雞蛋加入昆布高湯和清水攪打均勻。

2　蛋汁過篩或不過篩皆可，將蛋汁盛入一茶碗，用耐熱保鮮膜或鋁箔紙蓋住茶碗。

3　吻仔魚可以下鍋煎熟備用或裝入1小碟或小碗，蓋上鋁箔紙。

4　電鍋倒入適量水後開啟，待蒸氣散出再將茶碗和小碟放入，蓋鍋蒸 12 分鐘。

5　打開茶碗蒸的保鮮膜或錫箔紙，將煎好或蒸過的吻仔魚放在蒸蛋上即完成。

6　開動前撒一點蔥花提味。

蛋包飯們

把米飯或炒飯用蛋包起來，
就像是讓無聊的米飯穿了件可愛的衣裳，
蛋包飯看起來就很欠吃！
快來！

蛋包飯

蛋包飯好看好吃又方便，學會蛋包
飯，時而端上餐桌搭配咖裡，時而
帶便當都能好心情。

材料
雞蛋——1 顆
白飯或炒飯——1 碗

調味料
橄欖油——1 小匙
玫瑰鹽——少許
番茄醬——適量

作法

1　雞蛋放入少許鹽均勻打成蛋汁。

2　取一 20 公分平底鍋中小火，鍋裡倒入油稍微燒熱，將蛋汁倒進鍋裡，並拿
　　起鍋子慢慢高低傾斜以畫圓方式將蛋汁均勻形成一張圓蛋皮。

3　這時趁蛋皮只有 6 分熟，蓋上鍋蓋大約 3 秒後立刻關火再燜上 3 分鐘。

4　蛋皮不需要翻面，將蛋皮張開放在耐熱保鮮膜上，再將米飯放在蛋皮上，利
　　用保鮮膜將蛋包飯捲成喜歡的形狀，並將兩側保鮮膜捲緊放置 5 ～ 10 分鐘。

5　最後移除保鮮膜，在蛋包飯表面擠上少許番茄醬就可以開動囉！

美味小撇步

・用燜的方式來煎蛋皮，蛋皮很容易成功。

・利用保鮮膜比較容易定型，不使用保鮮膜直接捲起來也可以。

迷你蛋包飯

什麼東西變成迷你看起來就很可
愛，蛋包飯也是啦！
迷你蛋包飯適合餵食可愛的人！

材料
雞蛋——1 顆
白飯或炒飯——1 碗

調味料
橄欖油——1 小匙
玫瑰鹽——少許
番茄醬——適量
白芝麻——隨喜好

作法
1　雞蛋放入少許鹽均勻打成蛋汁，米飯分成 4 小份。
2　取一 20 公分平底鍋中小火，鍋裡倒入油稍微燒熱，將蛋汁倒進鍋裡，並拿
　　起鍋子慢慢高低傾斜以畫圓方式將蛋汁均勻形成一張圓蛋皮。
3　這時趁蛋皮只有 6 分熟，蓋上鍋蓋大約 3 秒後立刻關火再燜上 3 分鐘。
4　蛋皮不需要翻面，分切成 4 張小蛋皮，將小蛋皮放在耐熱保鮮膜上，再將米
　　飯放在蛋皮上，利用保鮮膜將蛋包飯捲成喜歡的形狀，並將兩側保鮮膜捲緊
　　放置 5 ～ 10 分鐘。
5　移除保鮮膜，在每一個迷你蛋包飯表面擠上少許番茄醬，用白芝麻點綴即完
　　成。

美味小撇步
‧利用保鮮膜來操作就像包緊日式飯糰一樣，成功率百分百喔。
‧將番茄醬擠成三角形，放上幾粒白芝麻並用香草裝飾成草莓樣貌，很可愛喔！

造型蛋包飯

這是日本媽媽為孩子做便當時很常
出現的主食,利用小壓模就可以簡
單完成,一起試試看喔!

材料
雞蛋——2 顆
白飯或炒飯——1 碗

調味料
橄欖油——1 小匙
玫瑰鹽——少許

作法

1　其中一顆雞蛋的蛋黃和蛋白分開,一顆雞蛋加一顆蛋黃放入少許鹽均勻打成
　　蛋汁並過篩,另外分出來的蛋白則用筷子或小夾子夾稀一些。

2　取一 20 公分平底鍋中小火,鍋裡倒入油稍微燒熱,將蛋汁倒進鍋裡,並拿
　　起鍋子慢慢高低傾斜以畫圓方式將蛋汁均勻形成一張圓蛋皮。

3　這時趁蛋皮只有 6 分熟,蓋上鍋蓋大約 3 秒後立刻關火再燜上 3 分鐘。

4　蛋皮在鍋中翻面,並用造型壓模壓出一些中空圖案,此時爐子開小火,並迅
　　速用湯匙將蛋白填入中空的圖案中,蓋上鍋蓋 3 秒後關火繼續燜 3 分鐘。

5　接著蛋皮翻面,將造型蛋皮放在耐熱保鮮膜上,再將米飯放在蛋皮上,利用
　　保鮮膜將蛋包飯捲成喜歡的形狀,並將兩側保鮮膜捲緊放置 5 ～ 10 分鐘。

6　最後移除保鮮膜盛盤就完成囉!

美味小撇步

· 壓模壓入蛋皮中可左右旋轉一下,較容易
　把蛋皮取下。
· 把煎好的蛋皮,好看那面朝下放置在保鮮
　膜上,再組裝。

炒蛋
VS
煎蛋

煎蛋和炒蛋都是超簡單不需要超強的廚藝，
料理得嫩口或焦焦鹹香都好吃。
來吧！下廚做份煎蛋或炒蛋吧！

醬油炒蛋

肚子餓了！醬油炒蛋鋪在燒燙燙飯上，
醬油炒蛋丼飯 3 分鐘可出餐。

材料
雞蛋——2 顆

調味料
橄欖油——1小匙
薄鹽醬油——
　　　　　1小匙

作法
1　雞蛋加入醬油攪打均勻。
2　起一不沾鍋，中小火，鍋裡倒入油，
　再將蛋汁倒入，炒熟即可起鍋。

料理小撇步
・醬油炒蛋是古早味，若想吃醬油炒蛋
　拌飯，油可多倒一些。

白蘿蔔絲炒蛋

冬天的白蘿蔔好清甜啊！對對！就像蘿蔔
絲蛋餅的味道。

材料
雞蛋——1 顆
白蘿蔔——50 克

調味料
橄欖油——2 小匙
清酒——1 小匙
鹽——少許

作法
1　雞蛋加點鹽攪打均勻，白蘿蔔切細
　絲或刨絲。
2　起一不沾鍋，中小火，鍋裡倒入1
　小匙油，放入白蘿蔔拌炒，加些清
　酒稍微炒軟。
3　鍋裡飄出白蘿蔔香氣，再下1小匙
　油並倒入蛋汁拌炒後起鍋。

美味小撇步
・白蘿蔔的軟硬度可自行試吃斟酌，再
　下蛋汁拌炒。

材料
雞蛋——2 顆
蔥花——15 克

調味料
橄欖油——1 小匙
鹽——少許

作法
1　雞蛋加入蔥花和鹽攪打均勻。
2　起一不沾鍋,中小火,鍋裡倒入油,
　　再將蛋汁倒入,炒熟即可起鍋。

美味小撇步
· 蔥花炒蛋不需要特殊技巧,蔥花越多
　炒蛋越香。

蔥花炒蛋

想來一桌清粥小菜,蔥花炒蛋不可少,
香噴噴炒一炒就變出來。

材料
雞蛋——1 顆
牛番茄——90 克

調味料
橄欖油——2 小匙
清水——1 大匙
鰹魚醬油或昆布
醬油——1 小匙

作法
1　雞蛋攪打均勻,番茄切小丁。
2　起一不沾鍋,中小火,鍋裡倒入 1
　　小匙油,再將蛋汁倒入,七分熟可
　　起鍋。
3　原鍋火轉小一些,再下 1 小匙油放
　　入番茄丁拌炒炒軟,若太乾可加入
　　清水繼續炒軟。
4　最後倒入七分熟的炒蛋,倒入鰹魚
　　醬油翻拌後可起鍋。

美味小撇步
· 番茄一定要用油炒出番茄紅素,番茄
　的好滋味才會釋出。

番茄炒蛋

媽媽都會煮的番茄炒蛋,如果妳還不會,
這裡有懶人版,照著做一定會成功。

菜脯蛋

材料
雞蛋——2 顆
菜脯（蘿蔔干）
　　—— 15 克

調味料
橄欖油——1 小匙

作法
1　蘿蔔干切丁泡水洗去多餘鹽分後盡量瀝乾、雞蛋攪打均勻備用。
2　起一不沾鍋，中小火，鍋裡倒入油，先炒香蘿蔔乾丁，再倒入蛋汁。
3　兩面煎到喜歡的熟度可起鍋。

美味小撇步
‧市售蘿蔔干鹽分高，務必泡水洗去過多鹹味。
‧若使用的蘿蔔干不夠鹹，可再加適量鹽調味。

從小到大必吃的古早味，看是來碗熱呼呼白飯或地瓜稀飯，配菜脯蛋神好吃。

韭菜花煎蛋

材料
雞蛋——1 顆
韭菜花——35 克

調味料
橄欖油——1/2
　　　　　小匙
玫瑰鹽——少許

作法
1　韭菜花切丁或切段加入雞蛋，並加少許鹽攪打均勻備用。
2　起一不沾鍋，中小火，鍋裡倒入油，倒入韭菜花蛋汁。
3　兩面煎到喜歡的熟度可起鍋。

美味小撇步
‧韭菜花也可以先入鍋稍微拌炒再倒入蛋汁。
‧韭菜花很容易熟透，直接拌入蛋汁下鍋兩面煎也沒問題的。

韭菜花煎蛋也是香噴噴的蛋料理，一道菜攝取蛋白質也攝取維生素挺不錯！

材料

雞蛋——2 顆

九層塔葉——
　　　10 克

調味料

橄欖油——1 小匙

玫瑰鹽——少許

作法

1　九層塔切細末，加入雞蛋和少許鹽
　攪打均勻備用。

2　起一不沾鍋，中小火，鍋裡倒入油，
　倒入九層塔蛋汁。

3　兩面煎到喜歡的熟度可起鍋。

美味小撇步

‧九層塔不切或細末皆可，風味相同。

九層塔蛋

九層塔和雞蛋也是天生一對，加入九層塔
的煎蛋散發塔香讓人飢腸轆轆。

材料

雞蛋——1 顆

蔥花——10 克

調味料

橄欖油——1 小匙

醬油——1 小匙

作法

1　將蔥花和醬油加入雞蛋攪打均勻備
　用。

2　起一不沾鍋，中小火，鍋裡倒入油，
　倒入蔥花蛋汁。

3　兩面煎到喜歡的熟度可起鍋。

美味小撇步

‧醬油也可以用少許鹽取代。

‧加入醬油的蔥花煎蛋，煎嫩嫩或煎恰
　恰兩種風味都很不錯。

煎蔥蛋

加了醬油黑黑的鹹香蔥蛋，夾入老麵饅頭，
永遠是我心中的第一名。

番茄煎蛋

番茄炒蛋的另一種姿態，雖是相似滋
味，變換一下面貌也很療癒呢！

材料
雞蛋——1顆
牛番茄——1顆
蔥花——5克

調味料
橄欖油——少許
玉米粉——1小匙
玫瑰鹽——少許

作法

1　牛番茄切0.8～1公分圈並把籽挖出來，將籽切細末。
2　雞蛋攪打後加入玉米粉、番茄籽末、蔥花和少許鹽攪打均
　　勻備用。
3　起一不沾鍋，中小火，鍋裡噴少許油，油熱放入番茄圈，
　　隨即在番茄圈中倒入番茄籽蛋汁。
4　兩面煎到喜歡的熟度可起鍋。

美味小撇步

· 油熱才將番茄和蛋液入鍋，蛋液才能快速成型，油不熱蛋液
　容易流散。

胡蘿蔔煎蛋

討厭胡蘿蔔嗎？炒軟的胡蘿蔔變清甜，和
油煎後的雞蛋香氣完美結合。我家大人小
孩都討厭胡蘿蔔，但胡蘿蔔煎蛋沒人不愛。

材料
雞蛋——2 顆
胡蘿蔔 ——50 克

調味料
橄欖油——1 大匙
玫瑰鹽——少許

作法
1 胡蘿蔔刨細絲、雞蛋加入鹽攪打均勻備用。
2 起一不沾鍋開中小火，倒入 1/2 大匙油，先炒軟胡蘿蔔絲。
3 將炒軟的胡蘿蔔倒入蛋汁拌勻。
4 原鍋再倒入 1/2 大匙油，並倒入胡蘿蔔蛋汁，兩面煎到喜歡
  的熟度可起鍋。

美味小撇步
‧務必將胡蘿蔔絲炒軟釋出甜味，炒出胡蘿蔔素更佳。

烘蛋們

雞蛋的物理特性可以成就蛋料理想要的樣貌，
美麗的烘蛋就像蛋糕一樣討喜，
一起來喝茶聊天吃烘蛋吧！

馬鈴薯培根蔬菜烘蛋

平易近人的食材做成華麗的烘蛋，
任誰都能讚嘆！
端出這一道料理應該很有面子。

美味小撇步
· 若使用鐵鍋，倒入油之後，可用刷具沾點
  油刷下鍋緣避免烘蛋沾黏。
· 小火慢慢烘，只要鍋蓋夠密合，烘蛋不需
  翻面也可完全熟透。

材料

雞蛋——5 顆
馬鈴薯——130 克
青花菜——80 克
新鮮香菇——2 朵

紫色洋蔥——少許
培根——2 條
小番茄——5 顆

調味料

橄欖油——1 大匙
玫瑰鹽——1/2 小匙
鰹魚醬油——12 小匙

作法

1 馬鈴薯切薄片，放入電鍋，外鍋加水蒸 10 分鐘取出瀝乾。

2 雞蛋加入鰹魚醬油和鹽攪打均勻、紫色洋蔥和香菇切絲、青花菜剝小朵、培根切粗絲、小番茄長邊對切。

3 中小火起一平底鍋或炒鍋不放油，放入培根、香菇和紫洋蔥拌炒出香氣，加入青花菜翻炒後取出倒入蛋汁中拌勻。

4 另起一八吋鐵鍋，開中小火，鍋裡倒入油，油燒熱先放入蒸熟馬鈴薯片兩面稍微煎上色後，將馬鈴薯均勻鋪滿鍋底，倒入培根蔬菜蛋汁。

5 將小番茄鋪在蛋汁表面，接著蓋上鍋蓋，轉小火慢慢將蛋烘熟，待烘蛋大致呈現固狀，可搖晃鍋子讓流動的蛋汁由烘蛋外圍慢慢流進烘蛋下方。

6 最後表面若有少許可流動蛋汁，可關火不掀蓋繼續燜 5 分鐘直到蛋汁全部凝固。

芋頭肉鬆烘蛋

喜歡芋頭肉鬆組合的你，不要忘了雞
蛋這個好朋友，烘蛋將芋頭和肉鬆完
美結合，不花很多時間就能來一份特
別的早餐或下午茶，一起享用吧！

材料
雞蛋——5 顆
大甲芋頭——200 克
肉鬆——適量
美乃滋——適量

調味料
橄欖油——1 大匙
糖——1 小匙或隨喜好
玫瑰鹽——1/4 小匙

作法
1　芋頭切薄片，放入電鍋，外鍋加水蒸 10 分鐘，放入糖翻拌均勻取出。
2　雞蛋加點鹽料攪打均勻，將拌過糖的芋頭放入蛋汁中。
3　中小火起一 20 公分不沾鍋，鍋裡倒入油，隨即倒入芋頭蛋之後蓋上鍋蓋。
4　轉小火慢慢將蛋烘熟，待烘蛋大致呈現固狀，可搖晃鍋子讓流動的蛋汁由
　　烘蛋外圍慢慢流進烘蛋下方。
5　最後表面若有少許可流動蛋汁，可關火不掀蓋繼續燜 5 分鐘直到蛋汁全部
　　凝固。
6　在芋頭烘蛋上擠上少許美乃滋，並鋪上適量肉鬆就完成囉！

美味小撇步
・為了不影響烘蛋效果並吃到芋頭口感，芋頭沒有添加水分，這道烘蛋建議趁
　熱食用最美味，放涼質地會變太乾。

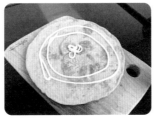

南瓜酪梨烘蛋

這是我自己很喜歡的烘蛋組合，栗子
南瓜和台灣酪梨都好美味，是一道口
感清爽的烘蛋料理，也非常適合進行
低醣或生酮飲食的朋友。

材料
雞蛋——5 顆
栗子南瓜——150 克
台灣酪梨 ——100 克

調味料
橄欖油——1 大匙
玫瑰鹽——1/4 小匙
　　　或不加

作法
1　栗子南瓜切 0.5 ～ 0.8 公分，放入電鍋，外鍋加水蒸 10 分鐘取出瀝乾。
2　雞蛋加點鹽料攪打均勻、酪梨切適口大小。
3　中小火起一 20 公分不沾鍋，將栗子南瓜鋪在鍋底，接著鍋裡倒入油，隨
　　即倒入蛋汁。
4　待蛋汁邊緣捲曲狀，把酪梨鋪在蛋汁表面，蓋上鍋蓋轉小火慢慢將蛋烘熟，
　　最後表面若有少許可流動蛋汁，可關火不掀蓋繼續燜 5 分鐘直到蛋汁全部
　　凝固就完成囉！

美味小撇步
‧務必使用加熱不會苦的台灣酪梨品種。
‧栗子南瓜也可以切丁，可以更均勻的鋪滿鍋底。

德腸豆腐烘蛋

可以飽足又低熱量的烘蛋料理，
一定要學起來。
蔥香蛋香的烘蛋中間夾著板豆腐和德
腸，美味又不怕胖，多美好。

材料
雞蛋——5 顆
板豆腐——150 克
德腸——1 根
青蔥——3 支

調味料
橄欖油——1 大匙
玫瑰鹽——1/2 小匙
鰹魚醬油——1/2 小匙

作法
1　德腸切片、板豆腐切小丁、清蔥切蔥花。
2　雞蛋加入鰹魚醬油和鹽攪打均勻。
3　中小火起一 20 公分不沾鍋，先將德腸兩面煎出香氣。
4　倒入油和蛋汁，放入板豆腐丁，最後撒上蔥花。
5　蓋上鍋蓋轉小火，慢慢將蛋烘熟，待烘蛋大致呈現固狀，可搖晃鍋子讓流
　　動的蛋汁由烘蛋外圍慢慢流進烘蛋下方。
6　最後表面若有少許可流動蛋汁，可關火不掀蓋繼續燜 5 分鐘直到蛋汁全部
　　凝固即完成。

美味小撇步
· 豆腐種類很多，可隨喜好變換不
　會影響烘蛋效果，唯需注意豆腐
　盡量擦乾再入鍋。

烤蛋們

把雞蛋打在蔬菜裡一起烤
是不費吹灰之力的美味料理，
沒有負擔少油少調味料，
盡情享用大自然賞賜的美食吧！

甜椒烤蛋

適合當單品，也適合搭配套餐的蛋料理，優雅地咬一口，能品嘗到清爽多汁的甜椒和厚實Q彈的雞蛋，甜椒是最好的烘蛋碗，記得挑大一點的甜椒喔！

材料
雞蛋——1顆
甜椒——半個

調味料
橄欖油——少許
其他隨喜好

作法
1 甜椒對切後去籽洗淨。
2 烤盤鋪上烘培紙，甜椒內外和烘培紙上皆噴點油，將甜椒切口朝下放在烘培紙上，烤箱以攝氏220度預熱後先將甜椒烤10分鐘取出。
3 把甜椒翻過來，甜椒裡打入一顆蛋，烤箱以攝氏220度預熱後，繼續烤15分鐘即完成。
4 烤好的甜椒烤蛋，建議撒上少許海鹽和黑胡椒，或是淋一點昆布醬油就可以開動囉！

料理小撇步
‧為避免烤蛋熟了蔬菜沒熟，建議先將蔬菜烤到八分熟後再進行烤蛋。

112

波特菇烤蛋

波特菇個頭大、質地厚實又香氣濃厚，非常適合拿來烤蛋，烤好的成品不但很誘人，口味也非常獨特，是一道稱得上奢華的蔬食料理。

材料
雞蛋——1顆
大波特菇——1朵

調味料
橄欖油——少許
其他隨喜好

作法
1　將波特菇的蒂頭切除。
2　取一烘培紙，烘培紙上和波特菇內外皆噴點油，將波特菇蒂頭那面朝下，烤箱以攝氏 220 度預熱後烤 12 分鐘取出。
3　把波特菇翻過來，打入一顆蛋，烤箱以攝氏 220 度預熱後繼續烤 15 分鐘即完成。
4　烤好的波特菇烤蛋，建議撒上少許海鹽和黑胡椒，或任何自己喜歡的調味料即可享用。

料理小撇步
・建議先把雞蛋打到小碗，再將蛋黃蛋白依序舀進波特菇裡，若波特菇不夠大，蛋白容易溢出。

番茄烤蛋

番茄烤蛋是最常出現的番茄盅料理，可再加入起司或各種香料，就是一道方便、吸睛又美味的前菜。

材料
雞蛋──1顆
大牛番茄──1顆
（約230克）

調味料
橄欖油──少許
其他隨喜好

作法
1 牛番茄將蒂頭平切切除，用小湯匙把番茄籽挖出來。
2 牛番茄內外和烘培紙上皆噴點油，將牛番茄切口朝下，烤箱以攝氏220度預熱後烤10分鐘取出。
3 把牛番茄翻過來，打入一顆蛋，烤箱以攝氏220度預熱後繼續烤15分鐘即完成
4 烤好的番茄烤蛋，建議撒上少許海鹽和黑胡椒，或任何自己喜歡的調味料即可享用。

料理小撇步
· 建議用大顆牛番茄，大顆牛番茄挖空才能放下一整顆蛋。
· 可在出爐前5分鐘，加一些乳酪絲和義式香料再接著烤。

土司烤蛋

懶人最高，但簡單美味喔！
四邊有烤焦一些，但比較美。

材料
雞蛋——1顆
吐司——1片

調味料
橄欖油——少許
其他隨喜好

作法
1 取一烤碗，先鋪上烘培紙，烘培紙上噴少許油。
2 取一張烘培紙剪成和烤碗大小的尺寸並在中心剪下一個比雞蛋大的圓孔。
3 將土司放入烤碗中形成一個碗狀，打入雞蛋，並將有圓孔的烘培紙蓋在吐司上。
4 烤箱以攝氏 220 度預熱後，繼續烤 15 分鐘即完成。
5 烤好的吐司烤蛋，建議撒上少許海鹽和黑胡椒，或是擠一點番茄醬就可以開動囉！

料理小撇步
．吐司上鋪上有圓孔的烘培紙是為了避免吐司烤太焦。

栗南瓜烤蛋

香甜的栗子南瓜口感軟 Q 綿蜜，烤蛋
不調味就非常好吃喔，豐富的膳食纖維
加上良好蛋白質，絕對營養滿點。

材料
雞蛋——2 顆
小栗子南瓜——1 顆

調味料
橄欖油——少許
其他隨喜好

作法 1

1 將栗子南瓜洗淨，蒂頭端平切，再用小刀切出圓孔。
2 用小湯匙把南瓜籽全都挖出來。
3 烤盤鋪上烘培紙，栗子南瓜內外和烘培紙上皆噴點油，將栗
子南瓜切口朝下，烤箱以攝氏 220 度預熱後將栗子南瓜烤
15 分鐘取出。
4 把栗子南瓜翻過來，先打入 1 顆全蛋，再倒入另一顆蛋黃，
最後在將剩餘適量蛋白倒入南瓜中。
5 烤箱以攝氏 220 度預熱後繼續烤 30 分鐘即完成。
6 烤好的成品很燙，分切請注意安全或稍放涼再分切。

料理小撇步
· 也可縱向對切南瓜，去籽預熱烘烤步驟相同，半顆南瓜配一
顆蛋，唯烤程可縮短為 20 分鐘，但南瓜成品會稍微焦化，
但不影響口感和風味。

圓茄烤蛋

茄子烤蛋令人驚艷，若偶遇到品質好的
圓茄，值得試試。烤過的圓茄茄肉濕潤
綿密，加上蛋香，簡單調味就是極品。

材料
雞蛋——2 顆
大圓茄——1 顆

調味料
橄欖油——少許
其他隨喜好

作法
1　將圓茄對切，用刀將白色茄肉畫幾刀。
2　取一烘培紙，烘培紙上和圓茄上下皆噴點油，將圓茄切口朝
　　下，烤箱以攝氏 220 度預熱後烤 15 分鐘取出。
3　把圓茄翻過來，用鐵湯匙邊緣將圓茄壓出凹槽。
4　凹槽內打入雞蛋，烤箱以攝氏 220 度預熱後繼續烤 15 分鐘
　　即完成。
5　烤好的圓茄烤蛋，建議撒上少許海鹽和黑胡椒，或任何自己
　　喜歡的調味料即可享用。

料理小撇步
‧圓茄若比較小顆，分切時可一邊大一邊小，大份的拿來做圓
　茄烤蛋，小份烤一烤撒點鹽也很好吃。
‧雞蛋也可均勻打成蛋汁，在蛋汁中加入喜歡的調味料或香草，
　再倒入凹槽裡烤也很好吃。

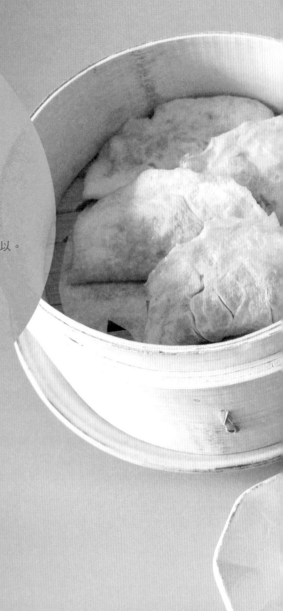

蛋餃們

利用蛋汁加熱成型的特性，
把喜歡的餡料包起來做成自家蛋餃，
來個蒸籠小點、火鍋圍爐或下午茶都可以。
蛋餃自己做，不但衛生營養，
食材自己看得見可以放心吃。

蔥肉蛋餃

喜歡吃市售包肉餡的蛋餃嗎？ 自己做
更好吃喔！這個包法最簡單，一起試
試吧！

材料
雞蛋——2 顆
豬絞肉——100 克
菇類——10 克
蔥花——20 克
蒜末——適量

調味料
橄欖油——適量
玉米粉——1/4 小匙

內餡調味料
薄鹽醬油——2 小匙
冰糖——1／2 小匙
白胡椒——少許

作法
1　菇類切丁，不沾鍋中小火不放油將絞肉下鍋，炒乾絞肉後加入菇菇、蒜末
　　和內餡調味料拌炒入味，撒入蔥花翻拌後取出。
2　常溫雞蛋加玉米粉攪打均勻後過篩，常溫的蛋白會變稀比較好過篩。
3　起一乾淨不沾鍋，最小火，鍋裡噴點油或用乾紙巾沾點油抹在鍋裡。
4　取一 15ml 的湯匙舀一勺蛋液緩緩倒入不沾鍋，並用湯匙底部將蛋液擴散成
　　一個圓形蛋皮。
5　隨即放入內餡，趁蛋皮還沒全熟，用筷子將蛋皮對摺，封口壓緊，若單手
　　不好操作，另一手可使用刮刀輔助。

美味小撇步
‧也可包入生肉餡冷凍保存，作法相同。
‧若過程中蛋皮全熟來不及黏合，可在封口處刷一點蛋液再加熱黏合也 OK。

茄子蝦仁蛋餃

換一個蛋餃包法，來把紫茄和蝦仁包
在一起，蝦仁 Q 彈口感和紫茄軟嫩多
汁吃起來也很搭。

材料	內餡調味料	調味料	搓洗蝦仁材料
雞蛋——2 顆	海鹽——少許	橄欖油——適量	太白粉——2 小匙
茄子——50 克	白胡椒——少許	玉米粉——1/4 小匙	米酒——1 大匙
橄欖油——少許			

作法

1　茄子分切成 5 ～ 6 塊，噴點油撒點鹽，微波或蒸熟備用。
2　蝦仁去頭去尾、剝殼開背去腸泥，用少許太白粉加米酒搓洗沖水擦乾撒點
　　鹽備用。
3　雞蛋加玉米粉攪打均勻後過篩，建議可把雞蛋從冰箱取出後放置常溫約半
　　小時再攪拌，這樣蛋白會慢慢變稀比較好過篩。
4　起一乾淨不沾鍋，最小火，鍋裡噴點油或用乾紙巾沾點油抹在鍋裡。
5　取一容量 15ml 的湯匙舀一勺蛋液緩緩倒入不沾鍋，並用湯匙底部將蛋液擴
　　散成一個長方形蛋皮。
6　隨即在蛋皮一端放入內餡，趁蛋皮還沒全熟，用筷子、小鍋鏟或刮刀，將
　　蛋餃快速捲起，兩側封口壓緊，若單手不好操作，另一手可使用刮刀輔助。
7　完成的蝦餃可清蒸 5 分鐘或放入湯鍋煮熟就可享用。

美味小撇步

· 蝦仁口味當然是要吃的時候在煮熟才美味。
· 喜歡茄子口感的話，茄子份量可增加，建議將茄子蒸熟壓成泥會比較好包。

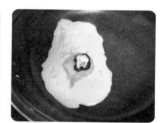

起司乾酪蛋餃

這個蛋餃包起來很像小餛飩,雖然比較不好操作,但偶而玩玩看增添料裡趣味囉!

材料
雞蛋──2 顆
巴西利風味乾酪球──5 ～ 6 顆

調味料
橄欖油──適量
玉米粉──1/4 小匙

作法

1 雞蛋加玉米粉攪打均勻後過篩,建議可把雞蛋從冰箱取出後放置常溫約半小時再攪拌,這樣蛋白會慢慢變稀比較好過篩。

2 起一乾淨不沾鍋,最小火,鍋裡噴點油或用乾紙巾沾點油抹在鍋裡。

3 取一容量 15ml 的湯匙舀一勺蛋液緩緩倒入不沾鍋,並用湯匙底部將蛋液擴散成一個圓形蛋皮。

4 隨即在蛋皮中心放入乾酪球,趁蛋皮還沒全熟,用一雙筷子將蛋皮對摺,另一手拿一根筷子壓住封口中間點,此時手上那雙筷子從蛋皮兩側往封口中間點夾緊,待但液全熟可鬆開。

5 完成的起司乾酪蛋餃可以馬上吃,也可加熱後享用但要小心燙口,起司加熱後溫度很高。

美味小撇步

‧起司口味可以隨喜好更換,使用起司片切小塊、乳酪絲或起司球都可以。

‧起司體積太大或太硬容易擠破蛋皮,剛開始試做先用小點尺寸試試囉!

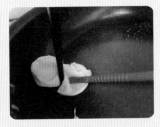

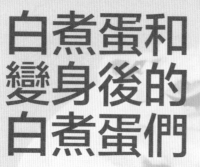

白煮蛋和變身後的白煮蛋們

絕不會失敗的蛋料裡就是把整顆雞蛋丟
到電鍋裡蒸一蒸，或是利用現成的鹹蛋
或皮蛋一起料裡，料理新手也能將美美
菜色端上檯面。

惡魔蛋

有碎蛋的沙拉總是老少咸宜，版本更是
多得數不清，用最簡單的方式，讓蛋沙
拉變成美味的惡魔蛋，是不是很討喜？

材料
雞蛋——2 顆

調味料
美乃滋——1 小匙
芥末籽醬——1 小匙
黑胡椒——少許
鹽隨——喜好

作法

1　將冷藏雞蛋從冰箱取出後隨即放入電鍋不鏽鋼蒸盤上，外鍋
　　倒入 1 杯水蒸 10 分 30 秒。

2　計時時間一到，立刻取出雞蛋邊沖冷水邊剝殼，或放涼再剝
　　殼。

3　將 2 顆白煮蛋攔腰對切，其中 3 個半球的蛋黃用小湯匙挖
　　出，並將白煮蛋蛋白底部用小刀切平，使其可立於盤子上。

4　將半顆白煮蛋加上挖出的蛋黃，拌入調味料，填入 3 個蛋白
　　裡即可。

料理小撇步

· 製作沙拉的白煮蛋可煮稍久一些，蛋黃較熟比較容易操作。
· 不喜歡美乃滋可以用青醬或增加芥末籽醬比例。

白煮蛋

最簡單、最有效率的雞蛋料理,沒時間在家吃早餐,帶著出門隨時解除飢餓,也能補充營養。

材料
雞蛋——1顆

調味料
鹽——適量或省略

作法
兩種方法皆可

1　〔**方法 1:電鍋蒸**〕將冷藏雞蛋從冰箱取出後隨即放入電鍋不鏽鋼蒸盤上,外鍋倒入一杯水蒸 10 分或 10 分 30 秒。
　〔**方法 2:滾水煮**〕將冷藏雞蛋從冰箱取出,隨即溫柔放入滾水中煮 8 分鐘。

2　計時時間一到,立刻取出雞蛋邊沖冷水邊剝殼,或室溫放涼再剝殼。

料理小撇步
‧上述作法蒸好的雞蛋沖冷水剝殼或放涼再剝殼,蛋黃軟嫩蛋不會流動,若蒸好立刻泡冰水,蛋黃比較流心。
‧紅殼蛋蛋殼較厚,若蒸的是白殼蛋,蒸煮的時間可斟酌減少30 秒或1分鐘。
‧剛產出的雞蛋煮熟蛋殼很難剝為正常現象,若講究美觀可將雞蛋放室溫 2 天冷再來做水煮蛋。
‧雞蛋蛋殼若不夠堅硬,建議先常溫放 20 分鐘再照步驟操作。

雙色蛋

雞蛋＋皮蛋就變成老虎蛋了，
看了開心吃了也歡心。
懶人版料理一定要試試呀！

材料
雞蛋——3 顆
皮蛋——2 顆

調味料
鹽——少許或可省略

作法
1　將帶殼皮蛋先放入電鍋，外鍋一杯水蒸 10 分鐘。
2　雞蛋攪打均勻，可適量加入少許鹽。
3　皮蛋剝殼後切小塊，放入鋪上烘培紙的料理容器中。
4　蛋汁過篩倒入容器裡。
5　電鍋倒入適量水先蓋鍋蒸出水蒸氣後，再將雙色蛋汁放入蒸
　　12 分鐘。
6　蒸的時候鍋蓋留個縫，蒸起來表面比較平滑。

料理小撇步
‧我的版本沒有添加太白粉水，單純這樣蒸也可以成功的。
‧若蒸出來表面坑坑疤疤也沒關係，放涼翻面分切也 OK。
‧這裡使用的容器是 350ml 供參考。

三色蛋

三色蛋算是一種古早味吧！
印象中從小就看過這樣色彩豐富的蛋料
理出現在家裡的餐桌，也是一道非常容
易上手的菜色，一起做做看囉！

材料
雞蛋——3 顆
皮蛋——1 顆
鹹蛋——1 顆

調味料
無

作法
1 將皮蛋先放入電鍋，外鍋 1 杯水蒸 10 分鐘。
2 將其中 2 顆雞蛋的蛋白和蛋黃分開，蛋白加入另一個全蛋攪打均匀，蛋黃也攪打均匀。
3 皮蛋剝殼後切小塊，鹹蛋帶殼對切挖出來切小塊，兩種都放入鋪上烘培紙的料理容器中，接著將蛋白蛋汁倒入容器裡。
4 電鍋倒入適量水先蓋鍋蒸出水蒸氣後，再將盛裝三色蛋的容器放入蒸 15 分鐘，蒸的時候鍋蓋留個縫。
5 蛋白蒸凝固後倒入蛋黃汁，鍋蓋留個小縫再蒸 5 分鐘即完成。

料理小撇步
· 皮蛋蒸過再切，避免流心的黑色皮蛋蛋黃影響蛋汁顏色。
· 如果沒有時間，雞蛋也可以直接攪打過篩像雙色蛋作法一樣。
· 這裡使用的容器是 350ml 供參考。

來煮蛋

不論是阿嬤的滷蛋，
或女兒喜歡的水波蛋，
雞蛋總能煮出好味道，
從早午餐、便當到下午茶。

水波蛋

滾水窩流讓雞蛋在鍋裡轉呀轉，不一會兒煮熟薄薄一層蛋白，並安全地包覆著飽滿的流心蛋黃。來看！輕輕劃破蛋白，濃郁香醇的蛋黃緩緩流散。

材料
雞蛋——2 顆
清水——適量煮蛋用

調味料
各式香料——隨喜好
　　　　　　添加

作法
1　一個小碗打入一顆雞蛋，較稀的蛋白液可瀝掉。
2　取一不沾鍋，開中小火倒入清水煮滾，水量多較易操作。
3　水滾將火轉小，以料理用具在水中鍋子邊緣轉圈，製造窩流。
4　將雞蛋倒入鍋子中央滾水中，繼續製造窩流直到蛋白集中並變白。
5　繼續煮到自己喜歡的蛋黃熟度，用漏勺輕輕取出即可。

料理小撇步
‧使用不沾鍋，水波蛋底部不會黏鍋，不加任何調味料也可以成功。
‧煮好的水波蛋底部那面比較光滑，可翻面再擺盤。

温泉蛋

漂浮在小碗裡的溫泉蛋，淋上柴魚醬汁或高湯，大口滑入嘴裡真過癮，或搭配拉麵，讓麵條巴上流動的蛋黃再享用。

材料

雞蛋——2 顆
燒開的滾水——800ml
常溫水——240ml
冰水——適量

調味料

隨喜好

作法

1　取一小湯鍋倒入 800ml 清水燒滾。
2　隨即關火並倒入 240ml 常溫水。
3　用湯匙將冷藏雞蛋放入湯鍋並立刻蓋上鍋蓋計時 13 分鐘。
4　時間到取出雞蛋放入冰水中降溫。
5　敲破蛋殼將燜好的溫泉蛋打到碗裡即完成。

料理小撇步

‧用湯匙將雞蛋放入滾水中，避免蛋殼撞到鍋底碎裂。
‧水溫攝氏 65 ～ 70 度最適合燜熟溫泉蛋。以上水量適合 2 顆溫泉蛋份量。
‧務必使用生食級雞蛋才安全無虞。

茶葉蛋

自從街頭巷尾開了便利商店，大家就很少自己煮茶葉蛋了。要不要自己煮？衛生健康，大人小孩都能開心享用。

材料
水煮蛋不剝殼——
　　　　　　4～6 顆
小滷包袋——1 只

調味料
普洱茶或紅茶——7 克
八角——1 粒
花椒——4 粒
清水——500ml
醬油——50ml

作法
1　將帶殼水煮蛋的蛋殼一一敲碎，敲出一些不規則的裂痕。
2　取一湯鍋，放入水煮蛋，倒入清水和醬油，將其他滷汁材料裝入滷包袋綁緊，一同放入湯鍋。
3　開火燒滾滷汁後，轉小火繼續滷 1 小時可關火。
4　放涼冷藏一夜再吃更入味。

料理小撇步
・水煮蛋可直接用電鍋蒸熟比較方便。
・蛋殼敲越碎，滷起來越入味。
・鹹度可按自己口味調整醬油份量。

滷蛋

帶便當，看到滷蛋就有笑容。
這裡分享不同作法，利用八角和米
酒香氣滷的滷蛋，口味也很不錯喔！

材料
去殼水煮蛋——
　　　　4～6 顆
八角——2 粒

調味料
橄欖油——1 大匙
醬油——3 大匙
米酒——2 大匙
冰糖——1/2 小匙
清水——180ml

作法

1　開小火，取一厚底小湯鍋倒入油，放入八角，耐心將八角煸出八角香氣。注意火侯，油溫太高八角很容易燒焦。

2　將八角取出，待油涼，倒入其他調味料和水煮蛋，開中小火將滷汁煮滾後轉小火。

3　小火慢滷 30 分鐘或隨自己喜歡滷蛋入味程度的時間即完成。

料理小撇步

・水煮蛋可直接用電鍋蒸熟，放涼再剝殼。
・取出八角避免滷的過程中，八角戳破滷蛋。
・若想吃滷蛋非常 Q 彈口感，可不加水，轉小火不停翻動 15 分鐘也可以。

偽班尼迪克蛋

用南瓜和優格來取代熱量破表的奶
油，來吃清爽健康版的偽荷蘭醬，
希望班尼迪克先生看到我這道偽料
理不要生氣。

材料

水波蛋——2 顆（見 P.134）
蛋黃——1 顆
黃檸檬——1/2 顆擠汁
帶皮栗子南瓜——50 克

原味無糖格
或希臘優格——50 克
蜂蜜——1 小匙

調味料
各式香料——隨喜好

作法

1　先將栗子南瓜蒸軟去皮放涼備用。
2　小湯鍋倒入清水燒滾，轉中小火製造水蒸氣。
3　取一料理大碗，倒入檸檬汁和蛋黃，手持料理碗置於湯鍋上方，一邊利用
　　水蒸氣熱度，一邊攪拌蛋黃直到蛋黃顏色變淡。
4　湯鍋可關火，將料理碗從湯鍋上緣移開，接著在料理碗中倒入蒸熟的南瓜、
　　優格和蜂蜜，攪拌均勻即完成。

料理小撇步

．利用水蒸氣來加熱蛋黃，隔水加熱也行，請小心操作勿將蛋黃煮熟。
．使用希臘優格醬汁較濃稠，使用一般優格醬汁較清爽，請隨喜好選擇。

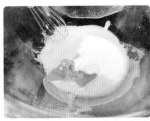

歐姆蛋們

旅遊時最喜歡飯店自助早餐師傅
現做的客製歐姆雷，
要加起司、不加青椒，要加牛奶、不要奶油，
吃上一份滑滑嫩嫩的歐姆蛋，
嗯～～真是滿足味蕾。
現在，自己在家都可以辦到。

奶油歐姆蛋

每一口都滑嫩又香濃的奶油歐姆
蛋，雖然最簡單卻最百搭，可以搭
麵包、米飯，單吃也很讚。

材料
雞蛋——2 顆

調味料
奶油——5 克
鹽——少許
裝飾香草——隨喜好
美乃滋——少許

作法
1 將兩顆雞蛋裡白色的繫帶挑除，加入少許鹽，把雞蛋攪打均勻。
2 起一 20 公分不沾鍋，開中小火，鍋裡放入奶油，搖晃一下讓奶油稍微溶解，隨即倒入蛋汁。
3 一手在爐火上前後快速搖晃鍋子，另一手用料理筷快速攪拌鍋中的蛋汁，並邊用料理筷整圓，蛋汁變濃稠成形隨即關火。
4 接著抬起鍋子向下傾斜，讓歐姆蛋向下滑動，立刻用小鍋鏟或耐熱刮刀，將蛋輕輕往傾斜方向對摺但不要壓，接著再用小刮刀將歐姆蛋低處邊緣往上輕輕摺壓，蓋上鍋蓋燜 20 秒。
5 若蛋液都不會流出即可起鍋，若蛋液還很生就將半圓翻面開小火 3 ～ 5 秒後可起鍋。

美味小撇步
‧快速攪拌的過程時間很短，蛋液變濃稠馬上關火，這裡的蛋液變濃稠情況下蛋液還是可以滑動的狀態，只是底部的蛋液和周圍的蛋液已經熟了。
‧挑除雞蛋中的繫帶，煎起來比較不會出現一條白線。
‧在翻動時再多加一些奶油有助歐姆蛋滑動，若不介意也可以補加奶油。

材料

雞蛋——2 顆

調味料

橄欖油——少許
鹽——少許

明太子奶醬

明太子——1 大匙
鮮奶——1 大匙
番茄醬——1 小匙

作法

1　將兩顆雞蛋加少許鹽攪打均勻。

2　起一 20 公分不沾鍋，中小火，鍋裡噴少許橄欖油或用乾紙巾沾油抹一下鍋子，隨即倒入蛋汁。

3　一手在爐火上前後快速搖晃鍋子，另一手用料理筷快速攪拌鍋中的蛋汁，並邊用料理筷整圓，蛋汁變濃稠成形隨即關火，蓋上鍋蓋燜 20 秒。

4　接著晃動一下鍋子，若歐姆蛋可滑動則準備出鍋，若歐姆蛋滑不動，可用小刮刀輕輕刮一下蛋下方確定成形的歐姆蛋可以滑動。

5　利用翻鍋子的動作緩緩將歐姆蛋翻摺到盤子上。

6　原鍋放入明太子奶醬材料，小火翻拌收汁出鍋鋪在歐姆蛋上即完成。

美味小撇步

‧也可將明太子奶醬材料放入雞蛋中攪拌，步驟相同，唯因添加牛奶，加熱蛋汁變濃稠時間會稍長。

明太子歐姆蛋

明太子風味的歐姆蛋,可將明太子奶醬一起加入蛋液中料理,或像照片中單獨當抹醬來搭配吃。

培根蔬菜歐姆蛋

我家小女兒最喜歡料多多軟嫩嫩的歐姆蛋，淋上少許番茄醬，就能滿足她。做法很簡單，一起來試試吧！。

材料

雞蛋——2 顆
培根——1 條
洋蔥——10 克
甜椒——10 克
綠花椰——10 克

調味料

橄欖油——少許
鹽——少許

作法

1　將兩顆雞蛋裡白色的繫帶挑除，加入少許鹽，把雞蛋攪打均勻。

2　將培根和蔬菜都切小丁，先利用培根的油把培根和蔬菜炒熟，放置冷卻。

3　將炒熟的培根蔬菜、雞蛋和鹽攪打均勻。

4　起一 20 公分不沾鍋，中小火，鍋裡噴少許橄欖油隨即倒入培根蔬菜蛋汁。

5　馬上一手在爐火上前後快速搖晃鍋子，另一手用料理筷快速攪拌鍋中的蛋汁，並邊用料理筷整圓，蛋汁變濃稠隨即關火。

6　接著抬起鍋子向下傾斜，讓歐姆蛋向下滑動，立刻用小鍋鏟或耐熱刮刀，將蛋輕輕往傾斜方向對摺但不要壓，接著再用小刮刀將歐姆蛋低處邊緣往上輕輕摺壓，蓋上鍋蓋燜 20 秒。

7　若蛋液都不會流出即可起鍋，若蛋液還很生就將半圓翻面開小火加熱 3～5 秒後可起鍋。

美味小撇步

‧利用抬起鍋子傾斜比較容易將歐姆蛋翻過去，若歐姆蛋滑不動，可先用刮刀從鍋邊伸到蛋下方刮一下鍋底。

材料
雞蛋——2 顆

調味料
奶油——5 克
其他隨喜好

作法

1　將兩顆雞蛋，蛋黃蛋白分開。

2　蛋白用攪拌器打發，蛋黃攪拌均勻後加入打發的蛋白混合。

3　起一 20 公分不沾鍋，小火，鍋裡放入奶油，搖晃一下讓奶油稍微溶解，接
　　著倒入翻拌均勻的蛋黃蛋白並稍微抹平後蓋上鍋蓋燜 3 ～ 4 分鐘。

4　開蓋，將歐姆蛋對摺。

5　隨意撒上喜歡的調味料或沾醬即完成。

美味小撇步

·此道歐母蛋無添加任何調味料，蓬鬆時間很短，出鍋後盡快完食。

雲朵歐姆蛋

像雲朵一樣蓬蓬鬆軟的，用點新鮮水果或果乾點綴，即成美好的甜點，喜歡甜滋滋的風味，還可以搭配煉乳或蜂蜜來享用。

其他煎炒
蛋料理們

特別喜歡沾上香料或浸過醬汁的煎蛋，
那酥酥的蛋皮巴上醬汁，
白飯都能扒上一大碗。

咖哩香蛋絲

夜深人靜想喝一杯，冰箱裡只有雞蛋嗎？兩顆雞蛋5分鐘完成一道下酒菜。

材料
雞蛋——2顆

調味料
鹽——適量
佛蒙特甘口咖哩粉——
　　　　　　　　1小匙
黑胡椒適量
橄欖油——1小匙

作法
1　蛋汁攪打均勻，起一不沾鍋開中小火倒入油，油稍微熱倒入蛋汁。
2　輕輕搖動鍋子將蛋汁像潤油一樣成為一個圓形的蛋皮，蓋上鍋蓋後關火燜3分鐘。
3　取出蛋皮捲起後切絲，蛋絲倒回原鍋，加入咖哩粉、少許鹽和黑胡椒翻炒一下即完成。

料理小撇步
‧咖哩粉可用其他粉狀香料取代，翻炒一下鹹香好味道。

泰式涼拌荷包蛋

泰式涼拌料理酸酸辣辣很開胃，讓焦酥的荷包蛋和爽脆的半熟洋蔥能吸附泰式醬汁，一口接一口，好適合悶熱的夏天。

材料
雞蛋——4 顆
洋蔥——半顆
香菜——2 株

調味料
橄欖油——1 大匙
　　　（煎荷包蛋）

涼拌調味料
新鮮檸檬汁——20 克
魚露——10 克
糖——5 克
辣椒粉——5 克

作法
1　洋蔥切細絲，香菜切細末。
2　起一不沾鍋倒入1大匙油，中小火將雞蛋一一煎成荷包蛋，放涼對切。
3　煎蛋原鍋倒入洋蔥絲，翻炒至稍微透明，保有脆度卻不嗆口即可取出。
4　取一大碗把涼拌調味料、香菜末與放涼的荷包蛋和洋蔥翻拌勻即完成。

料理小撇步
・洋蔥絲也可以先泡冷開水置入冷藏，涼拌前用脫水器甩乾再來使用。
・對香菜厭惡至極請改用九層塔。

醬燒雞蛋福袋

深愛豆皮料理的我們一家人，喜愛各式
豆皮料理，將雞蛋裝入油揚（豆皮）福
袋中，醬燒成鹹甜風味的油揚蛋福袋，
一人一個好喜歡，帶便當也好適合。

材料
雞蛋——4 顆
日式油揚福袋——2 只
牙籤——4 支
蔥花——10 克

調味料
醬油——1 大匙
冰糖——1/2 小匙
清水——1.5 米杯
橄欖油——1 小匙

作法
1　將福袋對半切，溫柔的從切口撕開成一個口袋。
2　雞蛋先打入小碗，再倒進油揚口袋裡，用牙籤將封口封起來
3　起一鍋倒入油放入油揚蛋福袋，並倒入一杯水，蓋上鍋蓋轉小火將雞蛋煮
　　熟，中途可翻面。
4　輕壓油揚福袋中間，雞蛋變硬，可將 1 大匙醬油、1/2 米杯水和冰糖倒入鍋
　　中，將油揚蛋福袋煨入味。
5　最後直接撒入蔥花，或先將福袋盛盤，再撒入蔥花用鍋中少許醬汁翻炒，
　　最後將蔥花醬汁淋在福袋上即完成。

料理小撇步
·若喜歡蛋黃流心，可斟酌減少煨煮時間。

155

材料
雞蛋——5 顆
蒜瓣——2 個
辣椒乾——5 克
蔥花——10 克

調味料
花椒粒——1 小匙
橄欖油——1 大匙
　　　　（煎荷包蛋）
橄欖油——2 小匙
　　　　（煸花椒油）
辣椒粉——2 克

醬汁
醬油——1 小匙
白醋——1/2 小匙
冰糖——1/2 小匙
米酒——1 大匙

作法
1　起一不沾鍋倒入 1 大匙油，中小火將雞蛋一一煎成荷包蛋先取出備用，並將蒜瓣切細末。
2　鍋裡倒入 2 小匙油轉小火放入花椒粒，慢慢煸成花椒油，花椒粒變黑撈出來丟棄。
3　接著將荷包蛋和蒜末倒入鍋中，翻炒出香氣。
4　倒入辣椒乾和醬汁翻炒入味。
5　起鍋前撒入辣椒粉和蔥花稍微翻拌即完成。

料理小撇步
‧辣度和口味可視自己喜好調整。

川味荷包蛋

好喜歡川菜，香辣帶勁兒，不需要上館子，在家也能享用自創川味荷包蛋。

炸蛋們

不喜歡油炸對嗎？
偶爾豪邁吃一下沒關係吧！
雞蛋也可以炸，
炸雞蛋不但美味還很豪華呢！

炸蛋酥

這道炸蛋酥在此簡單説明作法,供大家
在做需要炸蛋酥的料理時參考,比如白
菜滷、潤餅或炒絲瓜。

材料
雞蛋——2 顆

調味料
合適高溫油炸的油——
適量

作法
1 雞蛋攪打均勻不需要加任何調味料。
2 起油鍋,中小火加熱至攝氏 200 度。
3 取一料理濾勺,手持在油鍋上方,另一手將蛋液倒入濾勺。
4 將濾勺緩緩在油鍋上方移動,使過篩後的蛋液絲絲分散落入
   在熱油中,瞬間炸成蓬鬆蛋酥。
5 趁蛋酥尚未定型,用筷子快速攪散蛋酥,蛋酥炸到酥脆可取
   出瀝油備用。

料理小撇步
‧炸蛋酥油溫一定要高,溫度不夠,成品會吸附很多油。
‧炸油份量視鍋具大小而定,使用小鍋少油分次操作也可以。

炸蛋

外層的蛋白炸到出其不意的酥脆,包裹
著軟嫩香氣逼人的蛋黃,搭配蘸醬或醬
燒一些蔬菜絲鋪在上頭都非常好吃。上
手的菜色,一起做做看囉!

材料
雞蛋——1顆

調味料
合適高溫油炸的油——
　　　　　　　　適量

作法
1　雞蛋打出來,將較稀的蛋白液瀝掉。
2　起油鍋,中小火加熱至攝氏 220 度,緩緩將雞蛋倒入鍋中,不
　　要翻動。
3　耐心等底部的蛋白全都炸焦酥,即可出鍋享用。

料理小撇步
‧定型後,盡情炸到喜歡的酥脆程度即可。
‧若想回鍋醬燒,建議等醬燒料理完成前再將炸蛋下鍋翻拌。
‧炸油量務必能淹過雞蛋。

雞蛋天婦羅

流心蛋黃的雞蛋天婦羅，搭配蘿蔔
泥醬油，讓你家瞬間變成居酒屋
啦！這道料理操作非常非常簡單，
非常推薦。

材料
雞蛋——2 顆

調味料
合適高溫油炸的油——適量
市售天婦羅炸粉——35 克
清水——50ml
鰹魚醬油——1 小匙
白蘿蔔泥——適量

作法
1 生雞蛋放入冰箱冷凍一天，天婦羅炸粉加入清水拌勻。
2 冷凍取出雞蛋稍微沖水即可將蛋殼剝去，將冷凍雞蛋沾上粉漿。
3 起油鍋，中小火加熱至攝氏 180 度。
4 用湯匙將雞蛋放入油鍋，炸到雞蛋浮起，表面呈現金黃色可起鍋。
5 白蘿蔔泥與鰹魚醬油拌勻，開動囉！

料理小撇步
·油溫太低，麵衣炸起來會不脆。
·若喜歡蛋黃熟一些，控制油溫可炸久一點。

材料
白煮蛋——2 顆
去骨雞腿絞肉——120 克
羽衣甘藍——40 克
薑泥——5 克
燕麥片——3 大匙
中筋麵粉——3 大匙
雞蛋——1 顆

調味料
合適高溫油炸的油——適量
地瓜粉——1 小匙

雞絞肉調味料
鹽——1/2 小匙
糖——1/4 小匙
醬油——1/4 小匙
白胡椒——適量

作法

1 雞絞肉加入雞絞肉調味料，同一方向不停拌勻使其出筋，接著加入切碎的羽衣甘藍翻拌均勻。

2 視喜好將水煮蛋煮至喜歡的蛋黃熟度，剝去蛋殼，水煮蛋表面沾上少許地瓜粉。

3 取雞絞肉放至手掌心，稍微壓平，放上沾粉的水煮蛋，慢慢握起水煮蛋，另一手協助用絞肉將水煮蛋包成肉球，並兩手互拋肉球，像做漢堡排一樣手法。

4 接著把肉球表面沾上中筋麵粉，再沾蛋液，最後均勻沾上燕麥片，讓整顆肉球每個地方都黏上了燕麥片。

5 起油鍋，中小火加熱至攝氏 160 度，緩緩將雞蛋放入鍋中，不要翻動 3 分鐘。

6 翻面再炸 2 分鐘，開大火讓油溫升高炸 1 分鐘可出鍋。

料理小撇步

‧用燕麥取代麵包粉，表皮口感也會酥脆但比較粗糙，若喜歡細緻酥脆口感可直接使用麵包粉。

‧絞肉可視喜好採用牛肉、豬肉皆可，要拌出筋比較好操作。

蘇格蘭蛋

都要炸蛋了，一定要有這道啊！
用燕麥片代替麵包粉來當最外層麵
衣，口感更豪邁，營養健康。

醬燒虎皮蛋

想吃紅燒肉，想吃滷雞腿，可是冰箱都沒有，只有雞蛋怎麼辦？就吃這道，白飯多煮一點，不然不夠吃喔！配飯下酒都很搭。

材料
白煮蛋——4 顆
蒜瓣——1 個切細末
蔥花——少許

調味料
合適高溫油炸的油——適量

醬汁
薄鹽醬油——1 大匙
清水——2 大匙
味醂——1/2 大匙
白醋——1 大匙
冰糖——1 小匙

芡汁
地瓜粉——1/2 小匙
清水——1/2 大匙

作法
1 起油鍋，中小火加熱至攝氏 180 度。
2 用湯匙將白煮蛋放入油鍋，炸到雞蛋表面呈現金黃色貌似虎紋可起鍋。
3 起一平底鍋，放入炸好的虎皮蛋和蒜末稍微拌炒，倒入醬汁，小火煨煮入味。
4 緩緩倒入芡汁勾芡。
5 出鍋盛盤，虎皮蛋上撒點蔥花即完成。

料理小撇步
‧這道料理示範，我使用的是初卵，初卵是蛋雞初始生的雞蛋，雖然個頭小營養
　價值高。

勾勾蛋們

勾了芡汁的蛋料理，肯定下飯！
有快速版 5 分鐘可開吃的天津丼，
孩子們喜歡的親子丼、玉米雞丁炒蛋，
還有下飯配酒的金沙豆腐，
和豪華海鮮燴雞蛋，一起享用喔！

金沙雞蛋豆腐

金沙料理老少咸宜,這一道我們來吃豆腐。把雞蛋豆腐兩面煎焦酥,丟到炒得香噴噴的鹹蛋沙裡翻滾翻滾,每一塊豆腐都蘸上鹹香金沙,入口滿足啊!

材料
鹹蛋黃──2 顆
雞蛋豆腐──1 盒
蔥花──15 克

調味料
油──1/2 大匙或適量

作法
1 鹹蛋黃壓碎備用，雞蛋豆腐分切小塊，靜置 15 分鐘出水，水倒掉。
2 起一不沾鍋，中小火倒入 1/2 大匙油，下豆腐，耐心將豆腐兩面煎焦酥，
    取出備用。
3 原鍋倒入鹹蛋黃，小火翻炒，鹹蛋黃變成綿密泡泡，注意火侯不要稍焦。
4 鍋鏟炒金沙感覺不到塊狀物，可倒入煎好的豆腐和蔥花。
5 翻拌均勻後可起鍋。

料理小撇步
‧熱炒金沙料理，建議單純用鹹蛋黃比較夠味，整顆鹹蛋含蛋白比較適合涼拌
　金沙料裡使用。

材料
雞胸肉——180 克
洋蔥——70 克
雞蛋——2 顆
香菜——少許
米飯——隨喜好

調味料
油——1/2 大匙或適量
玉米粉——2 小匙

醬汁
醬油——1.5 大匙
味醂——1 大匙
白醋——1 大匙
糖——1 小匙
水——1 米杯

作法

1　雞胸肉切 2～3 公分大丁，拌入玉米粉靜置 10 分鐘，洋蔥切絲，2 顆雞蛋攪打均勻，醬汁拌勻備用。

2　起一 20 公分不沾鍋，中小火倒入少許油，下雞丁煎至變白色。

3　雞丁不需煎熟，倒入洋蔥絲拌炒出香氣。

4　接著倒入醬汁煮滾，雞肉可用筷子輕易穿透表示已熟。

5　可繼續將湯汁煮稍濃稠，若喜歡更濃稠可補少許玉米水。

6　倒入蛋汁，待蛋汁稍微成型，用料理筷稍微撥動鍋裡食材避免黏鍋。

7　雞蛋煮至喜歡的嫩度，撒入香菜，起鍋倒在米飯上即完成。

料理小撇步

‧若湯汁不夠濃稠，鋪上米飯口感會太濕。

‧使用小不沾鍋，成品可直接倒在丼碗裡比較容操作。

親子丼

雞肉加上雞蛋的料理,最經典的就是親
子丼啦!簡單小鍋煮,鹹香滑嫩滿滿鋪
在米飯上,就能飽足一頓。

玉米雞丁炒蛋

煮熟的玉米粒炒蛋，甜甜香香，小朋友
最喜歡了！加入小小的雞丁，美味營養
加分。

材料
雞胸肉——70 克
熟玉米粒——80 克
雞蛋——2 顆
蔥花——10 克

調味料
油——適量
鰹魚醬油——1 大匙
玫瑰鹽——適量

作法
1　雞胸肉切 1 公分小丁，加入鰹魚醬油醃 10 分鐘，2 顆雞蛋攪打均勻。
2　起一不沾鍋，中小火倒入少許油，下雞丁，雞丁炒熟撥一邊。
3　在鍋裡倒入蛋汁，用料理筷像畫對角線般撥動蛋汁幾下，很快地雞蛋呈現八分熟。
4　接著倒入玉米粒和蔥花，快速翻拌則完成。
5　若覺得不夠鹹可補點玫瑰鹽。

料理小撇步
‧可使用玉米罐頭或煮熟玉米後剝下玉米粒。
‧爐子關火後，鍋裡有熱，雞蛋會繼續熟，雞蛋嫩度可隨翻炒時間調整。

材料
雞蛋——2 顆
蟹味棒——2 條
洋蔥——30 克
蒜瓣——1 個
米飯——隨喜好

調味料
油——適量

醬汁
醬油——1 大匙
味醂——1 大匙
白醋——2 大匙
糖——1 小匙
水——1/2 米杯
玉米粉——1 小匙

作法
1 洋蔥切絲，蒜瓣切細末，2 顆雞蛋攪打均勻，醬汁拌勻備用。
2 起一 20 公分不沾鍋，小火倒入少許油，下蒜末炒出香氣。
3 倒入洋蔥絲和蟹味棒，轉中小火把洋蔥炒軟飄出香氣。
4 將鍋中食材稍放涼倒入蛋汁中拌勻。
5 原鍋再補一點油，倒入蛋汁，待蛋汁約八分熟。
6 不必翻面，緩緩倒入醬汁，可將火稍微調小。
7 待醬汁燒滾一會兒可關火，起鍋倒在米飯上，撒上少許胡椒即完成。

料理小撇步
· 可加入少許喜歡的蔬菜或食材，唯需先煮熟再拌入蛋汁一起煎。
· 煎蛋的過程很快速大約 1 分鐘，煮滾醬汁也大約 1 分鐘。

5 分鐘天津丼

說這是陽春版天津丼也可以,手邊僅
有簡單的食材都可做的丼飯。酸酸甜
甜好開胃,可以開心吃飽飽,而且快
速簡單。

海鮮燴蛋

大口吃海鮮大口吃雞蛋，比蝦仁滑蛋更
豪華，今天想加菜嗎？

材料
去殼白蝦——200 克
澎湖生小管——70 克
澎湖蟹腿肉——50 克
雞蛋——2 顆
蔥花——15 克

調味料
油——適量
糖——1 小匙
鹽——1/4 小匙
白醋——1 大匙
白胡椒——少許

芡汁
醬油——1 小匙
水——4 大匙
玉米粉——1 大匙

作法
1 2 顆雞蛋攪打均勻，芡汁拌勻備用。
2 起一不沾鍋，中小火倒入少許油，下蛋汁，待蛋汁周圍捲起快速翻拌至八分熟盛起備用。
3 原鍋倒入白蝦和小管，煎至變色約八分熟，倒入糖、鹽和白醋翻炒入味。
4 接著倒入蟹腿肉，轉小火後倒入芡汁。
5 芡汁燒滾，倒入炒雞蛋和蔥花翻拌並撒入少許白胡椒即完成。

料理小撇步
· 蟹腿肉比較快熟，不需跟蝦子中捲一起下鍋。
· 若喜歡多一點醬汁拌飯，可將芡汁比例增加，步驟相同。

179

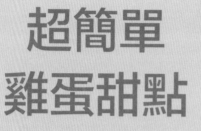

超簡單
雞蛋甜點

不善烘培的我也能用雞蛋
做出幾道不花腦袋的甜點,
食材與做法都是神級簡單,
不用出門也能享用舒適的下午茶。

蛋蜜汁

這是我小時候常喝的特調飲料，鄉下柳
丁最多了，雞棚裡撿的雞蛋，把蛋黃加
進柳丁汁，大家有喝過嗎？

材料
蛋黃——1顆
柳橙汁——250ml
黃檸檬——1顆擠汁
蜂蜜——1小匙
　　　　或隨喜好
冰塊——隨喜好

作法
1　玻璃杯裡放入適量冰塊。
2　用果汁機將其他材料攪打均勻倒入杯中就好了。

料理小撇步
‧使用可生食的蛋黃，才能安全無虞享用美味飲品。
‧黃檸檬或綠檸檬皆可隨喜好。

自家版熱蛋酒

西方人在聖誕節常喝的蛋酒,有冷、熱版本,我個人非常喜歡熱蛋酒,但道地的做法材料有些限制,這裡改用比較容易取得的材料,更適合我和家人的口味。

材料
雞蛋——1顆
植物奶——90ml
(可用鮮奶取代)
三溫糖——1小匙
蘭姆酒——10ml
威士忌——20ml
肉桂粉——少許

作法
1 用攪拌器將一顆雞蛋攪打起泡。
2 起一小牛奶鍋,用最小火將植物奶或牛奶煮到攝氏70度～80度。
3 隨即將攪打起泡的蛋汁倒入鍋中,慢慢分2次倒入攪拌,可先離火避免煮滾蛋汁變成蛋花湯。
4 接著倒入酒類稍微煮一會兒並在煮滾之前關火。
5 這時蛋酒呈現濃稠狀可倒入杯中,撒上少許肉桂粉即可享用。

料理小撇步
‧蛋白蛋黃也可分開攪打,或是加入鮮奶油讓奶香更濃。
‧全程一定要小火避免煮滾,若是份量不多很容易煮滾。
‧威士忌可改用白蘭地,煮過的蛋酒要趁熱喝。

雞蛋甜軟餅

這道甜軟餅更是無廚藝門檻，人人會
做，薄餅很快能煎好，捲入各種水果丁
加點優格，或喜歡的果醬都非常可口。

材料

雞蛋——2 顆
中筋麵粉——35 克
細砂糖——10 克
清水——125 克
橄欖油——少許

作法

1 雞蛋攪打均勻備用。
2 其他材料攪拌均勻後再與蛋之混和攪拌均勻。
3 開最小火，不沾鍋裡噴少許油，用乾紙巾潤鍋一下，後續不需再噴油。
4 每次取 60ml 粉漿倒入 28 公分不沾鍋，搖晃鍋子使其成為一個圓餅形狀。
5 待軟餅邊緣稍微翹起可溫柔翻面，再煎一分鐘可起鍋。
6 此食譜份量可煎 4 ～ 5 片軟餅。

料理小撇步

· 這是麵粉很少的粉漿，煎成餅的速度很快，無須大火。
· 若使用不同尺寸不沾鍋，請酌量調整下鍋的粉漿份量。

布丁液材料
雞蛋——3 顆
鮮奶——540 克
細砂糖——1 大匙

焦糖漿材料
細砂糖——60 克
清水——30 克
冷開水——30 克

作法

1 先來煮焦糖，起一小鍋，倒入 60 克糖和 30 克清水，中小火全程無需攪拌。

2 緊盯著鍋子，鍋裡糖和水混合燒滾起泡先變成淡咖啡色，很快地，當糖水呈現琥珀色時，隨即拿起鍋子輕輕搖晃勻，放回爐火上再加熱一會兒，待糖水繼續密集起泡瞬間變成深咖啡色焦糖，則立刻關火並倒入冷開水降溫，鍋子可拿起來稍微搖晃一下完成焦糖糖漿，但請小心滾燙的蒸氣。

3 接著來做布丁液，雞蛋攪打均勻備用。

4 再取一湯鍋倒入鮮奶和糖，小火加熱至糖融化、牛奶起小泡泡即關火，並將牛奶放涼至手可摸的溫度再繼續步驟 5，切勿使用高溫牛奶進行。

5 慢慢將蛋液倒入熱牛奶中混合，並不停攪拌均勻。

6 將布丁液過篩後倒入布丁杯，蓋上鋁箔紙。

7 電鍋裡放入蒸盤並倒入一杯水，開啟電源。

8 待電鍋蒸氣散出將布丁杯放入並蓋鍋，鍋蓋下夾一支筷子留細縫蒸 12 分鐘。

9 建議將蒸好的布丁淋上焦糖漿，放涼後冷藏 2 小時以上，冰冰涼涼更美味。

料理小撇步

· 電鍋蒸氣太強容易導致布丁蒸出氣泡留下很多孔洞，務必留縫讓蒸氣散出，若蒸出來外觀有仍有少許細小孔洞也不會影響美味口感。

· 若有時間用爐小火留縫慢蒸 30 分鐘，布丁則能呈現無毛細孔完美外觀。

焦糖蒸布丁

不加鮮奶油的焦糖布丁出爐囉！
淋上微微苦的焦糖糖漿，每一口都非常
濃郁綿密，花少少的時間就能讓大人小
孩都開心的甜點，是不是很棒？

一口雞蛋餅乾

不加奶油不加牛奶，只需要三樣簡單的
材料就能烤的小餅乾，一個一口，蛋香
純粹很涮嘴。

材料

雞蛋——2 顆
低筋或中筋麵粉——100 克
細砂糖——4 大匙

作法

1　雞蛋和糖混合，打發至幕斯狀。
2　倒入鍋篩麵粉攪拌均勻。
3　取一擠花袋，放入 1 公分圓形擠花嘴，將麵糊裝入擠花袋。
4　烤盤墊上烘培紙，分別擠出約 5 圓硬幣大小的麵糊。
5　烤箱以攝氏 150 度預熱後先烤 10 分鐘，烤盤拿出來轉向再繼續烤 10 分鐘，
　　取出放涼即可享用。

料理小撇步

‧各家雞蛋香氣不同，食譜中 2 顆雞蛋也可以改用 1 顆全蛋加 2 顆蛋黃增添蛋
　黃香氣。
‧使用低筋，麵糊稍稀，建議冷藏 20 分鐘後再擠，擠好之後盡快放入烤箱烘烤。
‧使用中筋，成品入口稍硬，但餅乾咬破之後仍然香脆可口。
‧建議趁新鮮食用，完全放涼後，常溫密封保存最多 3 天。

材料

雞蛋──2 顆　　　　　無水奶油──50 克　　　細砂糖──40 克
蛋黃──2 顆　　　　　低筋麵粉──60 克　　　鹽──少許

作法

1　用攪拌器先高速再低速將無水奶油攪拌軟化，接著分 2 次加入細砂糖將無水
　　奶油打發泛白。
2　接著分 3 ～ 4 次加入雞蛋和蛋黃攪打，先低速再高速，打到蛋汁和無水奶油
　　融合即可，若有油水分離狀態則無需擔心，後續加入粉拌勻不影響麵糊品質。
3　接著分次加入過篩後的低筋麵粉，攪拌均勻即可。
4　取一擠花袋，袋口剪去一個約 0.1 ～ 0.2 公分小孔，將雞蛋糊裝入擠花袋中。
5　不沾鍋最小火，鍋裡不放油，將雞蛋糊以畫小圈方式擠在鍋裡，無需翻面。
6　耐心加熱直到蕾絲餅不再起小泡泡、背後呈現金黃虎皮色。
7　此時用小鍋鏟將蕾絲餅緩緩對摺，封口取一點稍微輕壓即完成。

料理小撇步

・使用無水奶油，剛做完的成品比較酥脆，但常溫放置仍易變軟，可於烤箱以攝
　氏 150 度預熱後回烤 3 ～ 5 分鐘放涼可回復酥脆。
・建議趁蕾絲餅新鮮出爐盡快享用，若沒吃完則請放入保鮮盒或密封袋中冷藏，
　三日內回烤食用完畢。

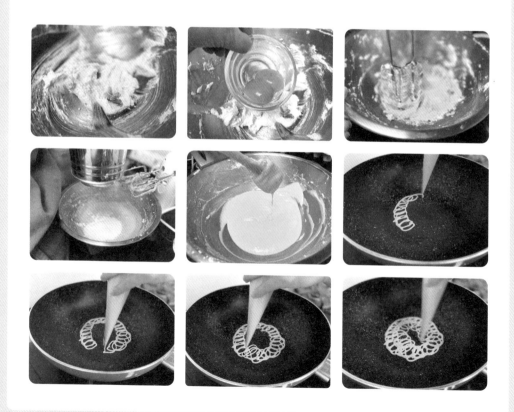

半月蛋黃蕾絲餅

好夢幻的蕾絲餅，簡單對摺就美美的，
飄著濃濃蛋香，美好的時光裡讓我們一
起來份幸福的下午茶。

後記

決定撰寫這個主題之前，我一直很納悶整本只有蛋料理的食譜書，有人會想買嗎？蛋不就是煎蛋、炒蛋、蒸蛋、滷蛋和蛋花湯嗎？沒有肉沒有菜，蛋還能變出什麼花樣煮？

然而在我寫完書稿後，卻自我陶醉並真誠地想邀請您一起加入這百變蛋料理的世界，實在好玩又好吃，做起來還輕輕鬆鬆成就感卻滿到爆棚。

撰寫這本書期間，我的家人必須積極協助消化我做的大量蛋料理，在這半年多來，各種口味的蛋料理，我們整整吃了一輪，滿桌子黃澄澄的蛋變成生活的日常。但幸運的是，在罕見的缺蛋時期，我製作這本料理書中使用的雞蛋從未斷貨，這要感謝「草上

奔牧場」相挺支持，讓我能全力完成書中的每一道料理，還要感謝我的編輯提供想法
定調這本《有蛋就好吃》的呈現方式，讓它看起來有點夢幻。

最後，我想強調，身為一位具有資深煮婦背景的料理書作者，在示範每道料理時，我
都盡量選用大家能方便取得的食材，秉持跟各位一樣有著勤儉持家的美德，和善用省
時省力的方式來製作。而這本《有蛋就好吃》更是根據雞蛋最基本的特性，並考量手
邊如果沒有太多食材搭配的情況下，也能變出的各式純粹蛋料理，讓每一位參考這本
料理書的朋友都能感到物超所值及實用性，還能煮得放心，吃得開心。

TASTY™

TASTY 是全球最大的社群美食頻道

透過招牌的趣味性、簡單好上手、美味的影片與食譜，每個月在世界各地風靡數億觀眾，Tasty無疑是網路最受歡迎的料理頻道！

成立於2015年, Tasty在全球各地擁有獨立的工作室，是社群媒體中排名第一的頂尖料理創作者，吸引了超過 1000 億的影片觀看次數。

新一代的廚房工具

原創、大膽、充滿個性—就像食物的味道一樣獨特, Tasty料理工具是現今餐廚界的新趨勢。
每一款產品結合多功能的特色與吸睛的色彩，以及現代感十足的設計與合理的價格。
從湯鍋到平底鍋、刀具和經典廚房配件，每款產品都以絕佳的功能廣受大眾青睞。

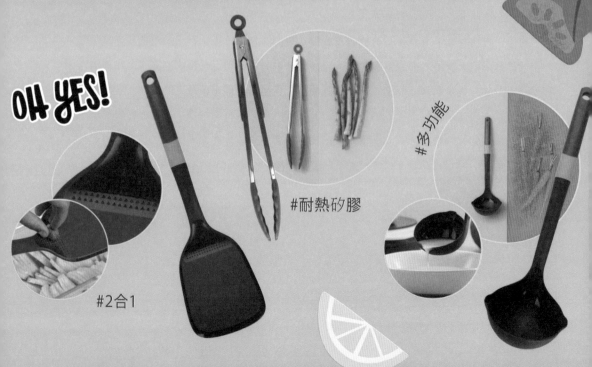

OH YES!

#耐熱矽膠

#多功能

#2合1

wiltshire®

Trusted & tested since 1938

Enamel
BAKEWARE

琺瑯烤盤典雅復古外型
烘烤完可直接端上桌
一物多用餐廚器皿

家樂福, Mia C'bon, 新光三越
安永鮮物, MOMO, PCHOME 等通路均有售

zenker®
baking since 1885

始於1885年　德國烘焙世家
FACKELMANN®
Brands　FOOD SAFE　GERMAN BRAND

bon matin 142

有蛋就好吃

作者	Claire克萊兒的廚房日記
社長	張瑩瑩
總編輯	蔡麗真
封面設計	TODAY STUDIO
美術設計	TODAY STUDIO
責任編輯	莊麗娜
行銷企畫經理	林麗紅
行銷企畫	蔡逸萱、李映柔
出版	野人文化股份有限公司
發行	遠足文化事業股份有限公司
	地址：231 新北市新店區民權路108-2號9樓
	電話：(02) 2218-1417
	傳真：(02) 86671065
	電子信箱：service@bookreP.com.tw
	網址：www.bookreP.com.tw
	郵撥帳號：19504465 遠足文化事業股份有限公司
	客服專線：0800-221-029

國家圖書館出版品預行編目（CIP）資料

有蛋就好吃 /Claire克萊兒的廚房日記　著. -- 初版.
-- 新北市：野人文化股份有限公司出版：遠足文化事
業股份有限公司發行, 2022.08　200面 ;17*23公
分. -- (bon matin ; 143)
ISBN 978-986-384-742-7(平裝)

1.CST: 蛋食譜
427.26

111009119

特別聲明：有關本書的言論內容，不代表本公司／出版
集團之立場與意見，文責由作者自行承擔。

讀書共和國出版集團

社長	郭重興
發行人	曾大福
法律顧問	華洋法律事務所 蘇文生律師
印製	凱林彩印股份有限公司
初版	2022年7月27日
初版2刷	2023年5月17日

978-986-384-742-7（平裝版）
978-986-384-743-4（EPUB）
978-986-384-744-1（PDF）

書名：有蛋就好吃　書號：bon matin 142　　　　　　　　　　請沿線撕下對折寄回

AROMA®
To Enhance and Enrich Lives

填寫本回函卡抽
美國 AROMA
「AFD-310A 四層款溫控乾果機」**3** 名

111 年 10 月 31 日前寄回本摺頁讀者回函卡 (以郵戳為憑)，
111 年 11 月 10 日當日抽出 3 名幸運朋友。

※ 請務必填妥：姓名、地址、聯絡電話、e-mail
※ 得獎名單將於 111 年 11 月 10 日公佈於野人文化 Facebook
並於 111 年 11 月 11 ～ 20 日以電話或 e-mail 通知。
(本活動僅限台澎金馬地區，野人文化保留變更活動內容之權力)

AROMA®
To Enhance and Enrich Lives

注意事項：
1 本優惠限單筆消費，每張限用一次，恕不得與其他優惠同時併用。
2 本優惠券影印無效，遺失或損毀恕不補發。

有蛋就好吃

姓　名＿＿＿＿＿＿　□女 □男　　年　齡＿＿＿＿＿＿

地　址＿＿＿＿＿＿＿＿＿＿＿＿＿＿＿＿＿＿＿＿＿＿＿＿＿＿＿

電　話＿＿＿＿＿＿＿＿＿＿　　手　機＿＿＿＿＿＿＿＿＿＿＿

Email＿＿＿＿＿＿＿＿＿＿＿＿＿＿＿＿＿＿＿＿＿＿＿＿＿＿＿

學　歷　□國中(含以下)　□高中職　　□大專　　　□研究所以上
職　業　□生產/製造　　□金融/商業　□傳播/廣告　□軍警/公務員
　　　　□教育/文化　　□旅遊/運輸　□醫療/保健　□仲介/服務
　　　　□學生　　　　□自由/家管　□其他

◆你從何處知道此書？
　□書店　□書訊　□書評　□報紙　□廣播　□電視　□網路
　□廣告DM　□親友介紹　□其他

◆您在哪裡買到本書？
　□誠品書店　□誠品網路書店　□金石堂書店　□金石堂網路書店
　□博客來網路書店　□其他＿＿＿＿＿＿＿＿＿＿＿＿＿＿

◆你的閱讀習慣：
　□親子教養　□文學　□翻譯小說　□日文小說　□華文小說　□藝術設計
　□人文社科　□自然科學　□商業理財　□宗教哲學　□心理勵志
　□休閒生活(旅遊、瘦身、美容、園藝等)　□手工藝/DIY　□飲食/食譜
　□健康養生　□兩性　□圖文書/漫畫　□其他

◆你對本書的評價：(請填代號，1. 非常滿意　2. 滿意　3. 尚可　4. 待改進)
　書名＿＿＿＿封面設計＿＿＿＿＿版面編排＿＿＿＿印刷＿＿＿＿內容＿＿＿＿
　整體評價＿＿＿＿

◆希望我們為您增加什麼樣的內容：＿＿＿＿＿＿＿＿＿＿＿＿＿＿＿＿
＿＿＿＿＿＿＿＿＿＿＿＿＿＿＿＿＿＿＿＿＿＿＿＿＿＿＿＿＿＿＿

◆你對本書的建議：
＿＿＿＿＿＿＿＿＿＿＿＿＿＿＿＿＿＿＿＿＿＿＿＿＿＿＿＿＿＿＿

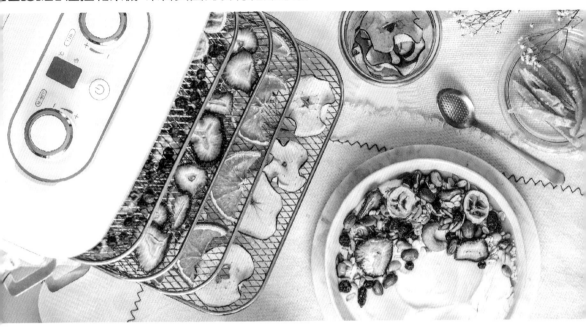